日本音響学会 編
The Acoustical Society of Japan

音響サイエンスシリーズ 20

水中生物音響学

声で探る行動と生態

赤松　友成　　木村　里子
市川光太郎
共著

コ ロ ナ 社

刊行のことば

音響サイエンスシリーズは，音響学の学際的，基盤的，先端的トピックについての知識体系と理解の現状と最近の研究動向などを解説し，音響学の面白さを幅広い読者に伝えるためのシリーズである。

音響学は音にかかわるさまざまなものごとの学際的な学問分野である。音には音波という物理的側面だけでなく，その音波を受容して音が運ぶ情報の濾過処理をする聴覚系の生理学的側面も，音の聴こえという心理学的側面もある。物理的な側面に限っても，空気中だけでなく水の中や固体の中を伝わる周波数が数ヘルツの超低周波音から数ギガヘルツの超音波までもが音響学の対象である。また，機械的な振動物体だけでなく，音を出し，音を聴いて生きている動物たちも音響学の対象である。さらに，私たちは自分の想いや考えを相手に伝えたり注意を喚起したりする手段として音を用いているし，音によって喜んだり悲しんだり悩まされたりする。すなわち，社会の中で音が果たす役割は大きく，理科系だけでなく人文系や芸術系の諸分野も音響学の対象である。

サイエンス（science）の語源であるラテン語の *scientia* は「知識」あるいは「理解」を意味したという。現在，サイエンスという言葉は，広義には学問という意味で用いられ，ものごとの本質を理解するための知識や考え方や方法論といった，学問の基盤が含まれる。そのため，できなかったことをできるようにしたり，性能や効率を向上させたりすることが主たる目的であるテクノロジーよりも，サイエンスのほうがすこし広い守備範囲を持つ。また，音響学のように対象が広範囲にわたる学問分野では，テクノロジーの側面だけでは捉えきれない事柄が多い。

最近は，何かを知ろうとしたときに，専門家の話を聞きに行ったり，図書館や本屋に足を運んだりすることは少なくなった。インターネットで検索し，リストアップされたいくつかの記事を見てわかった気になる。映像や音などを視聴できるファンシー（fancy）な記事も多いし，的を射たことが書かれてある記事も少なくない。しかし，誰が書いたのかを明示して，適切な導入部と十分な奥深さでその分野の現状を体系的に著した記事は多くない。そして，書かれてある内容の信頼性については，いくつもの眼を通したのちに公刊される学術論文や専門書には及ばないものが多い。

音響サイエンスシリーズは，テクノロジーの側面だけでは捉えきれない音響学の多様なトピックをとりあげて，当該分野で活動する現役の研究者がそのトピックのフロンティアとバックグラウンドを体系的にまとめた専門書である。著者の思い入れのある項目については，かなり深く記述されていることもあるので，容易に読めない部分もあるかもしれない。ただ，内容の理解を助けるカラー画像や映像や音を附録 CD-ROM や DVD に収録した書籍もあるし，内容については十分に信頼性があると確信する。

一冊の本を編むには企画から一年以上の時間がかかるために，即時性という点ではインターネット記事にかなわない。しかし，本シリーズで選定したトピックは一年や二年で陳腐化するようなものではない。まだまだインターネットに公開されている記事よりも実のあるものを本として提供できると考えている。

本シリーズを通じて音響学のフロンティアに触れ，音響学の面白さを知るとともに，読者諸氏が抱いていた音についての疑問が解けたり，新たな疑問を抱いたりすることにつながれば幸いである。また，本シリーズが，音響学の世界のどこかに新しい石ころをひとつ積むきっかけになれば，なお幸いである。

2014 年 6 月

音響サイエンスシリーズ編集委員会

編集委員長　平原　達也

ま　え　が　き

水中の生き物たちの生活環境は，私たち人間とはずいぶん違う。水中では，吸収や散乱で光は急速に減衰してしまうため，遠くまで見通せない。透明度がとてもよい海でも 60 m 程度，少し濁った海なら数 m 先の物体でも見えなくなる。

視界の悪い水中で，生き物が通信したり探査したりするために利用するようになったのが音である。水中の音速は約 1 500 m / 秒で，空中の 4.5 倍にもなる。吸収減衰も小さく，数 km から場合によっては数千 km 先まで届く。クジラやイルカだけでなく，魚やエビなど多くの海の生き物が繁殖や威嚇（いかく）や摂餌（せつじ）のために鳴き声を発する。それぞれの種の鳴き声には，その生き物が水中で生活するにあたって，重要な情報をうまく伝えたり集めたりする工夫が施されている。

例えばシロナガスクジラは回遊範囲が広く，とても長い距離で通信しなければならない。このため，吸収減衰が小さい数十 Hz という低い周波数で鳴く。一方，餌からの反射音によってその距離や方向を知るためのソナー能力をもつイルカは，100 kHz 程度の超音波を発する。小さな魚からも音が反射される周波数帯域を利用している。

水中生物の鳴き声がもつ機能は多様である。ザトウクジラ（**図**）と呼ばれる胸びれの長い大きなクジラは，特徴的な鳴き声を組み合わせた構造をもつ「歌」を雄だけが繁殖期に歌う。なわばり争いをする熱帯魚は，ひれを拡げて相手に自分の強さをアピールするため，互いにくるくる回って泳ぎながら 1 kHz 程度のパルス音を発する。物理的にたたかって傷つけるのではなく，視覚や聴覚への信号を通して優劣を決める儀式的闘争は，多くの種で見られる利にかなった行動である。鳴き声には，受け手に対するメッセージが含まれる。仲間とのコミュニケーションや，なわばりの維持だけでなく，繁殖するために雄どうしで競争したり，敵の接近を知らせたりと，鳴き声にはいろいろな機能がある。

図　水面上にジャンプするザトウクジラ（撮影：小笠原ホエールウォッチング協会）

音を使うのは便利なだけではない。鳴き声が敵に傍受されると生命が危機にさらされる。敵に自分の居場所を知られてしまうからである。逆に，食べられる側が捕食者の鳴き声を事前に探知できれば，あらかじめ隠れたり逃げたりできるので，大きな利益がある。これらの関係は，まさに潜水艦とその探知網の関係といってよい。イルカが餌を探すために用いる超音波音声を聴くことのできるニシンダマシという魚が，大西洋で発見されている。ただし，いまのところこの魚の超音波聴覚が，イルカとの間での音響探知合戦に実際に用いられているかどうかは明らかではない。検証を待っている仮説の一つである。

水中の生き物たちの営みに音がどのように使われているかが明らかになってきたのは，1990 年代以降である。これには二つの理由がある。一つ目は，冷戦終結によって民間でも利用できるようになった水中マイクロホンなど水中音響機材のおかげである。潜水艦探知のために発達してきた音響機材は，それまで一般の人々が使える技術ではなかった。いまでも水中音は軍事的に重要であるが，水中音響機器については市販で十分に高性能なものが手に入る。二つ目は，半導体技術の爆発的な進歩による録音装置の小型高性能化と解析ソフトの普及である。情報量が多い水中生物音の収録や分析に，こうした技術は不可欠である。

水中生物音響学は，最近になって現実的な問題の解決にも役立っている。なかなか見ることができないクジラやイルカの生態調査には，その声で存在確認を行う手法がよく使われるようになった。洋上風力発電所の建設や海底の鉱物資源探査で発せられるさまざまな音波が海洋生物に与える影響の評価にも，水中生物音響学の知見と技術が活かされている。

本書では，特に水中生物の音声とこれを利用した観測手法および騒音影響評価に重きを置いて紹介した。進展著しい分野であり，社会的な要請も強い。一方，水中生物の聴覚に関する生理的・解剖学的な結果や，実験室での聴覚計測に関しては多く触れなかった。

歴史的に，水中生物音響学は海生哺乳類，なかでも鯨(げい)類に関する研究が中心に進められてきた。このため，本書で紹介する事例もクジラやイルカの知見が多い。一方で，騒音の影響は魚(ぎょ)類や頭足(とうそく)類（タコ，イカの仲間），動物プランクトンにも及んでいる。本書はおもに鯨類を通して水中生物音響学を見ていくが，今後はさまざまな種類での生物音響研究も進展していくと思われる。私たちに身近な海の生き物での研究成果をご覧いただけるよう，紹介している項目に日本やアジアの国々が関連した成果があれば，それをできるだけ記載するようにした。

水中生物音響学は，純粋に基礎的な生物学から環境影響評価まで，多くの方々に活躍の場を提供するだろう。音響学の新しい展開領域として，本書がそのお誘いとなれば幸いである。

2018年11月

著者一同

目　　次

第1章　水中生物の音声と機能

第2章　水中生物の発声行動

第3章　水中生物の受動的音響観測手法

第4章　水中生物音からわかること

第5章　水中生物音響技術の応用

第6章　水中生物への騒音影響

第1章

水中生物の音声と機能

本章では，海の生き物の鳴き声とその機能について紹介する。最初に魚類，つぎに鯨類（イルカやクジラ），海牛類（ジュゴンやマナティー），鰭脚類（アシカやアザラシなど）の海生哺乳類，さらに海の音響研究ではその雑音にいつも悩まされる甲殻類（エビやカニなど）を取り上げる。

海洋には膨大な種が生息している。音響信号を利用した威嚇やコミュニケーションを成立させるためには，発音器官，聴覚器官，音響信号の学習と処理が必要である。このため高度に進化した甲殻類や魚類や哺乳類などの動物が音をよく利用している。海洋にはほかにも，ゴカイのような環形動物，イソギンチャクのような刺胞動物など多くの動物が存在する。原生生物界に属する藻類や植物界・菌世界に属する種もきわめて多い。このような生物が，音波を積極的に利用しているのか，あるいは音波を感知したり影響を受けたりするのかは，まだほとんど報告されていない。

1.1 魚の鳴き声と機能

魚が鳴くことをご存じだろうか。大西洋では150種以上の鳴く魚が1970年までに同定されているが[1)]†，これは間違いなく過小評価である。日本でもフグやスケトウダラなどなじみの魚が鳴く。魚の鳴き声は，繁殖や威嚇のための個体間のコミュニケーションに利用されている。

発音魚を自分の目で見てみるには魚屋に行くのが手っ取り早い。例えばカワハギやカサゴが店頭にないだろうか。彼らは最も身近な発音魚である。素潜りでカサゴをつかまえると水中でグッグッという音が聞こえてくる。防波堤で釣

† 肩付きの数字は，各章末の引用・参考文献の番号を表す。

り上げたクサフグもギリギリという音を出す。高級魚トラフグも歯ぎしりのような音を出す。

エメラルドグリーンの胸びれがきれいなホウボウは，発音魚のなかでもかなりおしゃべりである（**図 1.1**）。専用の発音筋をもち，ボーボーと鳴く。ニベの仲間は英語ではカラスのように鳴く魚としてクローカー（croaker）と呼ばれているし，楽器のドラムに似た音を出すためドラムフィッシュ（drumfish）とも呼ばれている。余談だが，オコゼという魚の名前の「オコ」は「笑ってしまうくらい醜い」という意味である。一方，英語では「星を見つめる者（stargazer）」と呼ばれている。和名も英名も，海底に潜んで上をじっと見つめるオコゼの顔が由来ではあるが，ロマンチックな感じさえする英名に対して和名の容赦なさに，東洋と西洋の文化の違いが垣間見られる。

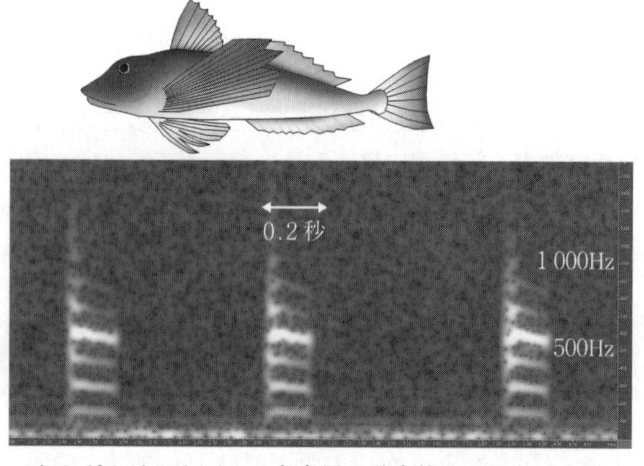

ホウボウはウキブクロを専用の発音筋でふるわせて鳴く。スペクトログラムの横軸（時間）は全２秒，縦軸の周波数の最大値は 1 500 Hz。音の周波数成分の強さを明るさで表示してある。

図 1.1　ホウボウの鳴き声のスペクトログラム

魚が発する音は，グッグッとかギーギーというパルス音が多い。パルス音というのは，一瞬で終わる短い音で，太鼓を打つ音や金槌で釘を叩く音などがその典型である。魚の鳴き声には，パルス音が複数つながって列をなしている場合もあれば，単発で１秒以上の比較的長い持続時間をもつものもある。その音の持続時間や繰返し頻度に行動や種による差が現れる。周波数変調つまり抑揚は少なく，もともとの音の大きさもイルカなどに比べれば小さい。抑揚が少ないため，一つの種が発する音のレパートリーは哺乳類や鳥類などより少ない。2種類以上のレパートリーをもつ魚類は，イットウダイ[2)]，ピラニア[3)]などが知られている。

魚の出す音は，発音筋でウキブクロをふるわせる振動音と，骨や歯やひれをこすり合わせる摩擦音の二つに大別される。太鼓のように発音筋でウキブクロをドンドンと叩いて出すのが振動音である。ウキブクロを用いた発音では，その共振により特定の周波数成分が強調される。代表的な発音魚の一種であるカサゴのウキブクロの内部は，小さな穴のあいた薄い隔膜で仕切られている。発音筋の収縮に伴い一方から他方へガスが流れ込み，そのときに隔膜が振動して発音する[4),5)]。基本周波数は人間にもよく聞こえる数百Hzのものが多く，体が大きくなるに従って基本周波数は低下する。

魚の声には種による違いがある（**図1.2**）。ウキブクロを振動させて音を発するホウボウは比較的長い音を発している。一方，同じウキブクロでもシログチ（通称イシモチ）の音声は，明瞭なパルス音に分かれている。またカワハギ

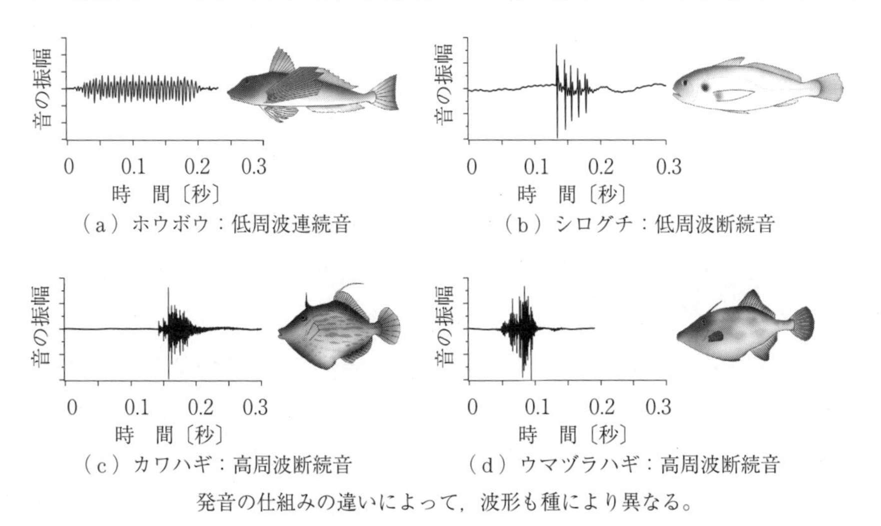

発音の仕組みの違いによって，波形も種により異なる。

図1.2　魚の声の特徴

の仲間は短い摩擦音で波形は不規則である。

多くの発音魚が繁殖期に活発に音を発する。ニベ科魚類の発音筋は雄のほうが大きく，繁殖期に向けて大きくなる。多くのニベ科魚類の雌は発音筋をもたず，雌雄ともに発音筋があるのはヒゲイシモチやゴマニベ，コイチ，シログチほか数種である[6]。コイチとシログチの鳴き声は基本周波数が 200 ～ 700 Hz である。人間の音声の周波数に近い。一つひとつの発音は短いパルス音であるが，連続して発せられて一連の「グーグー」という長い音として聞こえる。両種ともに雄のほうが雌に比べて高い音を出すため，雄と雌のコーラスが始まると互いに鳴き交わしている様子がわかる。

有明海におけるコイチとシログチの音響調査では，繁殖のためのコーラスが8月頃にピークを迎え，その後秋以降は記録されなくなった[7]。また，日没前後に最も活発なコーラスが見られた。この結果から，両種の産卵は夏の日没前後に行われたと考えられる。産卵期になると雄の発音筋は増大し，通常時の2倍程度になるが，雌の発音筋の大きさには季節的な変動はなかった。

一方，カサゴは産卵期にそれほど音を発しない。カサゴの発音は明確な日周リズムを示し，薄明・薄暮期に発音頻度が増える。この理由について，竹村[7]は，なわばりをもつカサゴの活動が活発になる薄明・薄暮期は他個体と遭遇する機会が増えるため，威嚇音の発音頻度が増えるのだろうと考察している。

イギリスを代表する料理として名高いフィッシュアンドチップスの原料であるモンツキダラの雄は，同じ体重の雌の2～7倍も大きな発音筋をもつ[8]。雄は音を出して雌を集め，そのなかから1尾を選んで交配する。成熟した雌は，雄からの音を聞くと興奮状態になる。マクドナルドのフィレオフィッシュの原料であるスケトウダラ（**図 1.3**）も専用の発音器官をもっている。

繁殖に関する音は配偶者を誘引する機能がある。タラ科魚類の雄は光の届かない深海で雌を効率よく見つけるため，大きな音を発する。音響特性は発音器官のサイズや発音筋の強さに依存し，それらは魚体そのものの大きさと強い相関関係にある。一般的に，大きくて低い音を出す個体はサイズが大きい。スケトウダラの発音筋重量は，性別，成熟状況および季節に伴い変化する[9]。この

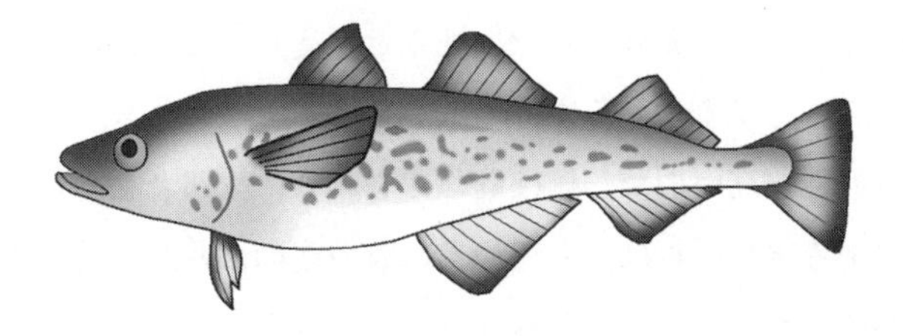

図 1.3　スケトウダラ

音によって産卵可能な雌は配偶者を決定し，未熟な雌は逃避できる。雄の発する音は雌による配偶者選択にも影響しているだけでなく，配偶者をめぐる他の雄との儀式的闘争にもなっている[10)]。

スケトウダラは個体間に階級的順位付けがあり，繁殖行動時には発音による儀式的闘争が見られる。儀式的闘争とは，指標となる信号を利用して勝敗を決し，直接的な争いにかかるコストを抑える行為をいう。優位魚が劣位魚を威嚇する際，約 800 Hz の単発パルスによる威嚇音を発する。劣位魚が逃避行動をとると優位魚はその魚を追いかけながら連続した威嚇音を出し，吻端（ふんたん）で相手を突く行為をとる[9)]。さらにある個体が群れから急に離れていった場合，複数の雄が約 500 Hz の連続的な威嚇音を発しながら追尾して求愛する。このとき追いかけられている個体が劣位雄や未成熟雌であった場合は，産卵に至らず逃避することが多い。なお，産卵直前の雌を追尾する雄は，追尾開始から放精直前まで求愛の鳴き声を発する。このときの音は威嚇音よりも低く，パルス状の音である。スケトウダラは海の中層に集団を形成して産卵する。海域によっては水深 300 m で，薄暮期から夜間にかけて産卵活動が活発になる。視覚があまり利用できない実際の海中では，音によるコミュニケーションが繁殖活動に大きく貢献しているのだろう[10)]。

日本の清流にだけ生息するアユカケというカジカ科魚類は，40 ～ 60 ミリ秒の連続的な振動音を出す発音魚である[11)]。雄の発音筋は雌のものより約 1.5 倍大きく，繁殖期である 12 月～ 3 月にはさらに肥大する。一方，雌の発音筋の大きさに季節的な変化はない。雄のアユカケは繁殖期に河口域で巣を形成し，鳴き声で雌に求愛する。鳴き声の特徴は鳴いた雄の身体的な特徴に関係があり，体の大きな個体ほど大きな音を出せると考えられる。雄は産卵に適した場所に巣をかまえ，卵が孵化するまで外敵から守る。このとき，大きな雄ほど卵を守りきる可能性が高いので，雌は雄の声を頼りに配偶者を選択する。また，雄の鳴き声によるアピールは，交配相手の雌や産卵に適した巣をめぐる別の雄との儀式的闘争にもなっているだろう。

アマゾン川に生息するピラニアは，3種類もの音を出す。一つ目の音は，基本周波数が 120 Hz，持続時間が 140 ミリ秒の音で，犬のほえ声のようにピラニアの個体どうしが対面している状況で発音する。二つ目の音は低いドラムのような音で，基本周波数 40 Hz，持続時間 36 ミリ秒の低周波パルス音である。この音はおもに餌をめぐって個体どうしがぐるぐると回りながら闘争している状況で発せられる。特に群れのなかで最も大型の個体が発音する事例が多い。これら二つの音は発音筋の収縮によって発せられる。三つ目は，1 742 Hz，持続時間が 3 ミリ秒の比較的高い周波数の単発パルス音である。他個体を追尾し，噛みつくときに歯を打ち鳴らして出す音である[12]。

トラフグ（**図 1.4**）は上下の歯をすり合わせて歯ぎしりのような音を出す。ウキブクロや発音筋を使う振動音とは違って，骨や歯などをこすり合わせる摩擦音は一般的にギーギーという数 kHz の音になる。フグの咬み合わせの力はとても強く，釣り針にかかっても咬み折って逃げられる。淡水ナマズの一種であるギギという魚の名前は，胸びれの棘（とげ）で，その基部の関節面を摩擦して発する摩擦音の聞こえ方が由来である。東南アジアに生息するクローキンググラミーは，胸びれに接続する 2 本の腱をギターのようにはじいて二連のパルス音を発する[13]。このとき，2 尾はくるくると互いに回りながらひれを拡げる典型

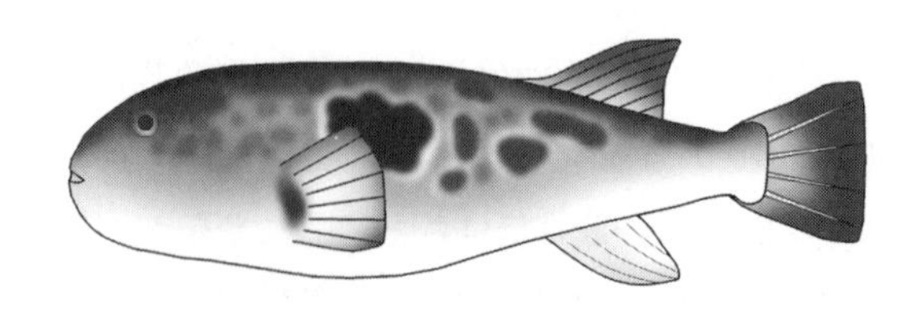

図 1.4　ト　ラ　フ　グ

的なディスプレイ行動を見せる。

多くの発音魚において，振動音や摩擦音はウキブクロでの共振の影響を受ける。ウキブクロは魚の体内にある風船のような器官で，本来は浮力調節に用いられているが，音響的には大きさによって決まる共振周波数をもっている。ただし，発音周波数は必ずしも予測される共振周波数に一致するわけではなく，筋肉の収縮による強制振動で決まるとする説もある[14)]。

コラム1

音とは

幸い，イルカやジュゴンなどの人気者のおかげで水中生物音響学に興味をもっていただける方々は多い。特に生物学を学んできた学生たちは，その魅力に惹かれるようである。ところがいざ始めてみると，観測にも解析にも音響学の基礎が必要とされ，工学のバックグラウンドがないとてもハードルが高いように見える。

これはとても残念である。必要とされる知識は，少なくとも最初の段階では限られており，データ収集や解析を行うための機器やソフトも現在では使いやすく安価なものが利用できる。音響計測や解析で用いられている概念や用語をほんの少しでも理解していれば，最初のハードルはずいぶん低くなる。

学生に「音とは何ですか？」と聞くと，「振動」とか「波」という答えが返ってくることが多い。多くの方々には白い紙に描いたサインカーブが思い浮かぶようだ。では，「何の振動か？」と問うと，しばらく沈黙が訪れる。空気や水というところまでは想像できるが，それが目で見えない圧力の変化であるという正解にたどり着くのはなかなか難しい。音波とは圧力変化が波となって伝わる現象である。

圧力が生じるためには，何か物体があって空気や水を押したり引いたりしなければならない。人間であれば声帯を，イルカであれば鼻の穴の奥にある脂肪のかたまりをふるわせて，声を発する。わかりやすい例は太鼓だろう。太鼓を叩くとその振動面がふるえるのが見える。太鼓の前の空気は押されたり引かれたりして，高圧と低圧の部分が交互に生じ，これが空気中を伝わっていく。音は見えないが，私たちになじみ深く，理解するのは難しくない。音にまつわる基礎的で興味深い話題の数々は，例えば『「音響学」を学ぶ前に読む本』（コロナ社，2016）などでやさしく解説されている。

1.2 クジラの鳴き声と機能

水中で音声を発する生き物のなかでもよく知られているのがクジラとイルカである。一般的に体長が4～5mを境にそれより大きいものをクジラ，小さいものをイルカと称しているが，この分け方は生物学的にはあまり意味がない。本当は，ヒゲで小魚や動物プランクトンを濾(こ)し取って食べるヒゲクジラと，魚やイカを追いかけて歯でくわえて食べるハクジラに分けるのが正しい。ハクジラのなかで小さめのものがイルカと呼ばれているが，4mよりずっと大きいシャチやマッコウクジラもイルカに近い。本書では，読みやすさを優先して単にクジラと記載してあるのは，ヒゲクジラを示す。

ヒゲクジラとハクジラの鳴き声の特徴や機能は，分類群の違いともぴったりと一致している。ヒゲクジラの仲間は，その多くが繁殖域と摂餌域の間で季節的な大回遊を行う。特に繁殖海域では遠距離通信に適した吸収減衰の少ない低周波音を繰り返し発している。ヒゲクジラは，オキアミや小魚などの集団を海水ごと飲み込み，ヒゲ板に引っかかった餌生物を食べるため，生き物を1尾ずつ追跡する超音波探査能力は必要ない。一方，イルカを含むハクジラは，狙いを定めた1尾を追いかけるため，ピンポイントで対象を探索できるソナー能力をもっている。小さなイカナゴを食べる体長1m半程度のスナメリから，ダイオウイカを食べる巨大なマッコウクジラまで，これまで音響観察されたすべてのハクジラは探索のための超音波音声を発することが知られている。

ザトウクジラはヒゲクジラのなかでも人気が高い。ザトウクジラは，冬の繁殖期に島や沿岸に近いところにやって来て，水面上にジャンプしたり，潜水直前に尾びれを跳ね上げたりと，派手な行動をする観察しやすい種である。尾びれの裏側の白黒模様が個体識別の指標に使われ，各個体に名前が付けられている。各国でホエールウォッチングの対象種として選ばれているのもうなずける。

生物音響学的に注目すべきは，このクジラが歌を歌うことである。ザトウクジラの歌が発見されたのは1971年，PayneとMcVayによる研究であった[15]。巨大なクジラが決まった旋律で，まさに歌鳥のように歌う。ザトウクジラの一連の発声パターンはソングと呼ばれ，その構成要素には長いものから順にテーマやフレーズ，ユニットという名前が付けられた（**図1.5**）。

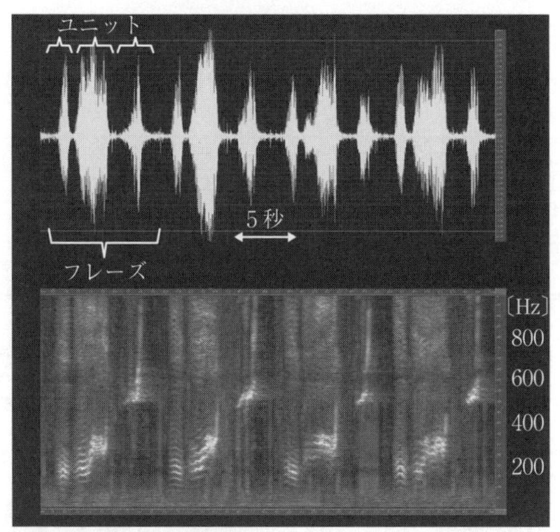

ザトウクジラは，北半球では北の冷たい海で餌をとり，南の暖かい海で繁殖する。繁殖期には独特のパターンをもったソングを歌う。ソングの波形（中段）とスペクトログラム（下段）には四つのフレーズが繰り返されている。一つのフレーズをよく見ると三つの音節（ユニット）が認められる。

図1.5 ザトウクジラの繁殖期のソングパターン

ソングは雄のみが繁殖海域で発する。求愛にかかわる行動で，雌を惹き付ける目的で歌っているのではないかと考えられている[16]。しかし雄どうしで集まって歌うケースも報告されており，雌をめぐる儀式的闘争の一つである可能性も示唆されている[17]。音の大小や高低が雌による選択の判断基準になるだけでなく，つぎに述べる流行歌をうまく歌えるかどうかも決め手の一つだろう。

ソングのパターン，つまりユニットの種類と並び方はつねに同じというわけではない。1985年にPayneらは同じ個体群のザトウクジラのソングの構成がまるで流行歌のように年々少しずつ変化していることを明らかにした[18]。2000年代に入ると，オーストラリアのNoadらはインド洋オーストラリア西部の個体群のソングのパターンが南太平洋オーストラリア東部の個体群に短い期間で伝わっていることを突き止めた。インド洋個体群で新しい「流行歌」が発生し，クジラたちはすぐにその曲を覚え，繁殖期の終わり頃にはほぼ完全に「去年の曲」は「今年の曲」に取って代わる[19]。

さらに，南太平洋で1998年から2008年まで11年間にわたりこのソングを

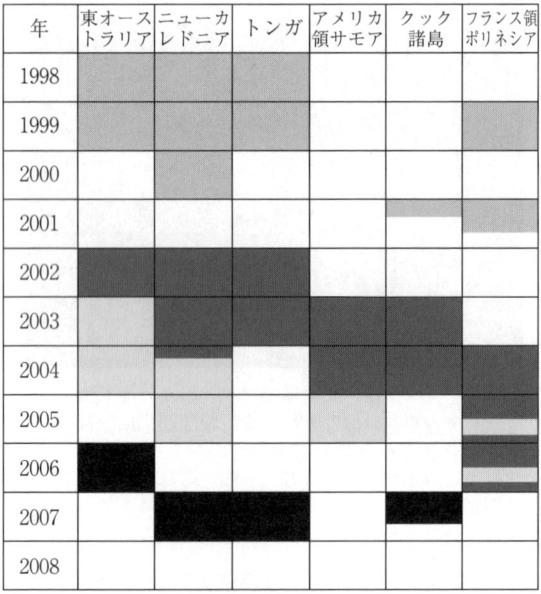

年	東オーストラリア	ニューカレドニア	トンガ	アメリカ領サモア	クック諸島	フランス領ポリネシア
1998						
1999						
2000						
2001						
2002						
2003						
2004						
2005						
2006						
2007						
2008						

4種の異なるソングパターンが年を追うごとに徐々に東に移動した。イギリスの科学誌では「ザトウクジラ界のキングオブポップはオーストラリア沖にいる！」と紹介された。

図1.6　南太平洋におけるザトウクジラのソングの伝搬の様子[20]

録音し続けた結果，オーストラリア東岸の流行歌がさらに東へと伝搬し，約2年後にフランス領ポリネシアへ伝わっていた（**図1.6**）。

いずれの報告でもソングの変化は西から東へ伝搬している。興味深いことに，オーストラリア西部個体群，東部個体群およびフランス領ポリネシアの個体群に遺伝的交流はほぼない。すなわち，インド洋の「外国人歌手」による新規性のある歌がザトウクジラの流行の発信源なのだろう。

北半球における歌の伝わり方は，まだ十分に明らかになっていない。ザトウクジラはこれまで考えられていたように南の暖かい海だけで歌うわけではなく，摂餌域と考えられる北の冷たい海でも歌っていることがわかってきた[21)]。前田[22)]によると，日本の沖縄県慶良間（けらま）諸島周辺の個体群と東京都小笠原諸島周

コラム2

周波数とは

シロナガスクジラがなぜあんな低い声で鳴くのか？，魚群探知機やイルカがどうして超音波を使うのか？，超音波画像診断装置や潜水艦探知にはどのような周波数の音を選択しなければならないのか？など，音にまつわるいろいろな疑問に答える近道は，周波数と波長を理解することである。この二つがわかれば音の振る舞いが推測できるようになる。

周波数とは，1秒間に音の圧力が上がって下がってもとに戻る回数である。太鼓の振動面が一度せり出して引っ込み，またせり出すまでを1回と数えたときに，1秒間にそれが往復した回数である。しかし，子細に観察しても速すぎて見えない。例えば救急車のサイレンのピーポーピーポーの「ピー」は1秒間に960回振動する。その周波数はだいたい1kHzである。キロ（k）とはキロメートルでもわかるように千倍という意味である。

健康診断の聴力検査ではもっと高い音が聞こえるかどうか試される。低いほうが1 000 Hz（1 kHz），高いほうが4 000 Hz（4 kHz）である。同じ大きさの音であれば最も大きく聞こえるのが4 kHzである。残念ながら加齢とともに高い周波数は聞こえにくくなる。じつは筆者も，10 kHzまでしか聞こえない。研究のためヘッドホンを着けて大音量で雑音のなかのかすかな生物音を聞き取ろうとしたせいか，耳の老化が著しい。ヘッドホンで音楽を聴く習慣のある方々は，少しボリュームを絞って耳をいたわるとよい。人間の内耳にある音を感知する有毛細胞は一度破壊されると二度と再生しない。

辺の個体群のソングのパターンは類似していた。同様の現象が同じ時期のフィリピン，小笠原，ハワイ沖でも報告されている[23)]。これらの海域では9個のフレーズが共有されていたが，ハワイ沖ではさらに4個の新しいフレーズが見つかった。今年の流行歌がクジラからクジラへ伝わっているとすれば，どこかで歌合わせをする必要がある。例えば小笠原とハワイの距離では，クジラが潜るくらいの水深では音が直接伝わるのは難しく，ひと冬の間に個体が行き来して歌を伝え合うのも考えにくい。冷たい高緯度域の夏の摂餌域から暖かい低緯度にある冬の繁殖域に至る回遊経路のどこかで，流行歌が決まり，それが拡散していくはずなのだが，その謎には十分な答えが得られていない。

1.3 イルカの鳴き声と機能

小型のハクジラであるイルカの声にはさまざまな名前が付けられている。ホイッスル音，クリック音，バーストパルス音，バズ音などである。ここでは機能に着目して，コミュニケーションに用いられる音声と，エコーロケーション（反響定位）に用いられる音声に分けて紹介する。

イルカのコミュニケーションに用いられるホイッスルは，基本周波数が数kHzから30 kHz程度までの狭帯域音声である。その名のとおり口笛のような音で，スペクトルのピーク周波数が時間変化しいろいろなパターンが生み出される。じつのところ，ホイッスルの音源器官についてはいまだに確定した説がない。喉頭付近を共鳴管として用いていると推測されているが，その発音メカニズムについては生体実験の困難さから詳細が不明である。

ホイッスルのなかでも特に注目されているのが，シグネチャーホイッスルである（**図1.7**）。シグネチャーホイッスルとは，個体ごとに異なる周波数変調パターンをもった音声である。Sayighらの報告では，野生のハンドウイルカを定期的に再捕獲し，いくつかの雌個体が10年以上にわたって同じ周波数変調パターンの音声を維持することが確認された[24)]。ただし，シグネチャーホイッスルは個体間での模倣も認められるため，その個体特異性はいまだに仮説

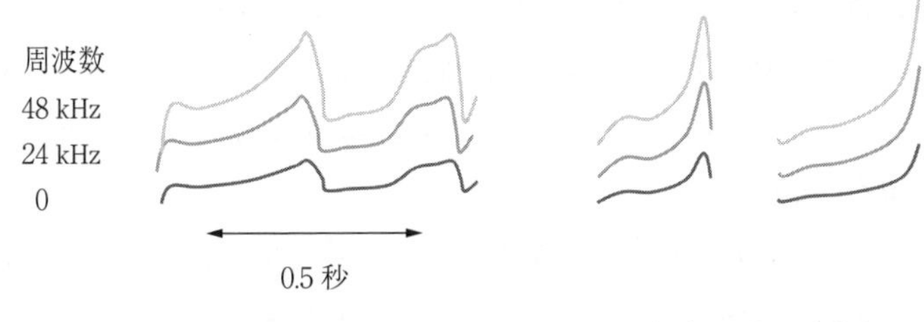

（a）個体 1 の音声　　（b）個体 2 の音声

個体によりスペクトログラムの周波数変調のパターンが異なっている（図は文献 25）を参考に描いた）

図 1.7　2 頭のハンドウイルカのシグネチャーホイッスル

と呼ばれる。

野生のイルカは本当に名刺代わりになるような音声を個体ごとにもっているのだろうか。これまでに研究者たちはこの仮説を間接的に支持する状況証拠として，以下の 6 項目を挙げた[26]。

① 互いの距離が離れてしまったときに，それぞれの個体がシグネチャーホイッスルを頻繁に発する。

② 個体の情報や状態を聴き手に伝える必要がある状況でシグネチャーホイッスルを発する。

③ 自分のシグネチャーホイッスルを学習によって獲得する。

④ 他個体のシグネチャーホイッスルが聞こえている状況でもそれぞれを聞き分けられる。

⑤ イルカが，同じ抑揚パターンのホイッスルをグループ化し，かつ別のホイッスルとの違いを認識できる。

⑥ シグネチャーホイッスルを特定の発声個体と結び付けられる。

これまでの研究によれば，ハンドウイルカをはじめ数種のイルカがこうした条件を満たすシグネチャーホイッスルを発すると考えられている。

シグネチャーホイッスルの概念が学界に拡がる一方で，McCowan と Reiss はホイッスルの分類が人間の主観的な判断によるものであることに疑問を抱き，客観的な基準によって機械的に分類する方法を提案した[27]。この方法を用いると，個体に固有だと考えられてきた鳴き声は他の個体の鳴き声と同じパターンだと分類された。これゆえ，個体固有の署名のようになっているホイッスルはなく，ある一つのタイプの鳴き声のなかのわずかなバリエーションに過ぎないと彼らは主張した。

一方，繁殖のときに用いられる鳴き声は同じ個体群や種のなかで聞き手に認識される必要があるので，他と混同してしまわないよう，個体群や種に固有の音響的特徴が選択される。例えば，イルカと同じハクジラのシャチ（**図1.8**）は数ペアの母仔が集まってポッド（pod）と呼ばれる群れを形成するが，それぞれのポッドに固有の鳴き声がおよそ7～17パターンずつある[28)~30)]。ポッド固有の鳴き声は30年間以上にわたってほとんど変化せず母から仔へ受け継がれると考えられてきたが，いくつかの鳴き声はわずかに変化しているらしい。これについては世代を重ねていくなかで鳴き声が少しずつ変化したのだろうと考えられている[31)]。

図1.8　釧路沖を泳ぐシャチの母仔の群れ
（撮影：笹森琴絵）

イルカ類の発する音声のなかでもう一つよく知られているのがエコーロケーションに用いられるクリック音である。エコーロケーションとは，音を当てて物体から戻ってきたこだまを聞くことで，その物体までの距離や方位や対象の種類を検知する能力のことである。それに用いられる音波は，イルカの場合クリック音と呼ばれている。クリック音はたくさんの超音波パルス音で構成されている。パルス音とは，非常に短い音波のことで，何かを叩いたときや破裂したときに一瞬のうちに出て終わる。

クリック音はよく研究されていて，発音のメカニズムからその送受信および処理まで明らかになっている。その成果は1993年に出版された『The Sonar of Dolphins（イルカのソナー）』というタイトルの書籍によくまとまっている[32]。すでに古典的な本だが，送受信系としてのイルカの音響特性については，この時点でおおむねわかっていたといってよい。

イルカのクリック音を特殊な変換を施して人間の耳に聞こえるようにすると，グーッ，ググーッ，グッ，グッのように濁った音が断続的に発せられているのがわかる（**図1.9**）。一つのグーッのなかには多数のクリック音が含まれている。まるで櫛(くし)の歯のように続けざまに音波が発せられる。音と音の間隔は1/1 000秒（1ミリ秒）から1/10秒（100ミリ秒）まで幅広く変わる。クリック音一つを拡大すると，ようやくその波形が見えてくる。

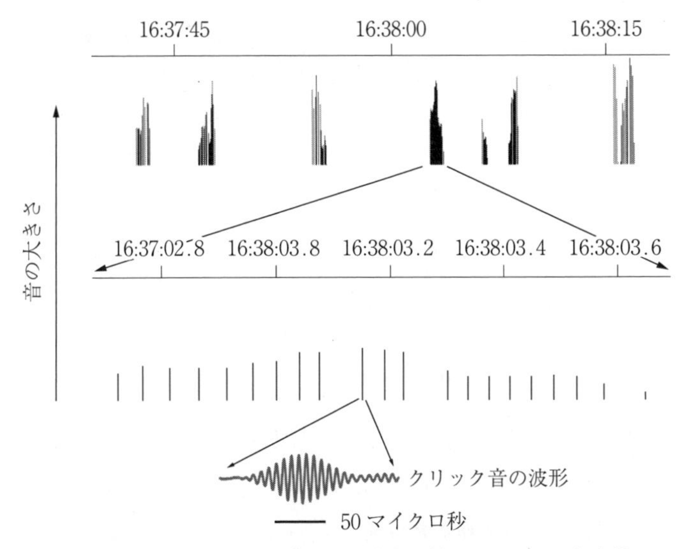

上段に数秒に一度一つの音のかたまりが見られる。これを中段に拡大すると，そのなかに多くのパルス音が含まれている。さらに一つのパルス音を拡大すると（下段），滑らかに振幅が上下する超音波，すなわちイルカのクリック音の波形が確認できる。

図1.9　小型のイルカ（スナメリ）のクリック音

イルカの鼻の穴は人間でいえば頭の上に開いているように見えるが，実際は頭骨より前方にある（**図1.10**）。この鼻の穴の奥に二つの脂肪のかたまりがあり，このすきまに空気を通し，脂肪のかたまりをふるわせてパルス音を発する[33)]。ちょうどトランペットのマウスピースで唇を使って音を発するのと同じ要領である。医療用の内視鏡と水中マイクロホンを組み合わせて，実際にイルカが音を発しているときの脂肪のかたまりの動きと体の外に出てくる音波を比較することで発音源が確定されている[34)]。

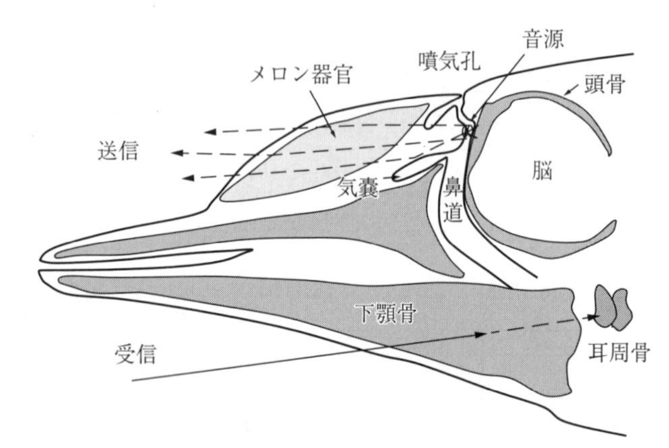

エコーロケーション信号の音源は，噴気孔のすぐ下にある一対の脂肪のかたまりである。点音源から拡散した音波は，頭蓋骨で反射される。メロン器官は音を水中に放射しやすくするインピーダンスマッチングの役割を担っている。対象物からの反射音は下顎両側から体内に導入され，聴覚器を収める耳周骨に伝わる。

図1.10　イルカの発音と聴覚機構

音源から拡散した音波を効率よく前方に収束させるシステムも，イルカはもっている。一つは音源の後方にある頭蓋骨で，これが反射板の役目を果たす[35)]。音源付近にある空気嚢も音響ビームの収束に効いている。一方，音源の前方にはメロン器官と呼ばれる楕円体の結合組織のかたまりがある。これがイルカの特徴的なおでこを形成しているが，なかにあるのは脳ではない。メロン器官は外殻にいくほど音速が速くなる性質をもっており，かつては音のレンズの役割を果たしていると考えられていた。しかし，イルカの頭部における音響伝搬シミュレーションや実測から，メロン器官が音の収束に果たす役割は小さいと考えられている[36]。イルカのクリック音のビーム幅は数度から十数度である。人間のつくった魚群探知機の鋭いビームには及ばないが，逆にイルカのほうが広い範囲を探索できるのかもしれない。イルカの音響ビームの収束方法は，たとえていえば懐中電灯のような仕組みである。頭骨や空気嚢が反射体で，電球から四方に発せられた光が収束するように，点音源から発せられた音波が前方に集められる。

音源となる脂肪のかたまりは，左右の鼻道それぞれにある。つまり発音源の候補が二つある。2009年にLammersとCastelloteが，シロイルカ（別名ベルーガ）を対象にエコーロケーションのクリック音を発声させ，体軸から−90°から+90°の位置で録音を試みた。その結果，ビームの軸上（つまり体の真正面）で録音した場合はきれいなパルス音だったものが，体軸から離れるほどパルスが二つに分かれ，−90°と90°の位置では最大で数百マイクロ秒の開きがあった。彼らは，これはベルーガが左右二つの音源を同時に使用して発音するためと結論付けた[37]。ベルーガは海のカナリアと呼ばれるほど多様で複雑な音声を発する。鯨類でよく見られるように，頭部の内部構造も左右非対称である。

一方，ネズミイルカは頭部の構造がほぼ左右対称で，エコーロケーション音しか発せず，ホイッスルは出さない。Madsenら[38]がネズミイルカに小型録音機を装着したところ，すべての音で左側水中マイクロホンのほうが右側より音の到達が20〜50マイクロ秒遅く，受信音圧レベルは，右側が高かった。つまり音源が右側にあると主張した。研究の歴史を見てみると，初期の頃は右側の脂肪のかたまりが音源とする説が有力だった。AmundinとAndersenはネズミイルカ[39]を，MackayとLiawはハンドウイルカ[40]を使って実験をし，右側説を支持している。また，モデリング[41]，解剖学研究[42),43]でも右側の優先的使用が示唆されていた。しかし，鼻道左側の脂肪の塊を音源として使用している可能性は完全に排除できていない。例えば，クリック音しか発しない種（ネズミイルカ科6種，マイルカ科イロワケイルカ属4種など）は脂肪のかたまりを鼻道の左右に二つもつ。

エコーロケーションに用いられるクリック音は，ターゲットに当たって跳ね返ってくる。イルカはこのこだまを聴いて，その距離や方向だけでなく内部構造や材質までも区別できる。イルカが対象までの距離を正確に認識していることは1970年代からわかっていた[44]。イルカは，対象からの反射音が戻ってくるまで，つぎのクリック音を発射しない。このため，イルカが発するパルス間隔は，対象までの音波の往復距離に比例すると考えられている。これが真であれば，逆に，パルス間隔を測ればイルカが見ている距離の最小値が推測できる。

イルカの音源方向定位能力は1°程度の鋭さをもち，反射音の到来方向を正確に認識できる。人間も水平面の真正面で1°の音源方位分解能をもっている。水中では音速が空気中の約5倍であるため，イルカが人間と同じ分解能を実現するためには，人間の5倍精度よく時間差を測る能力を備えているはずである。イルカは対象までの距離と方位を時々刻々認識しながら，音だけをたよりに近づくことができる。

イルカは，音だけで形の違いも区別できる。例えば三角形や四角形などの異なる形の物体を視覚的には見えない黒いスクリーンの向こう側に沈め，イルカに報告させる。訓練を施せば，イルカは，自らが音で識別した物体が三角形かそれ以外のものかを，パドルによる吻(ふん)タッチで示すことができる[45]。Harleyらの行った実験はさらに巧妙である[46]（**図1.11**）。形の違う物体をいくつか用意し，それぞれ音だけあるいは視覚だけで分類して報告できるようにイルカをトレーニングした。イルカは音だけで分類する場合には，黒いスクリーンの向こう側にどんな形のものが入っているか見られない。一方，視覚で分類する場合には対象物体は空気中にあるため，エコーロケーションは使えない。このトレーニングが完了した時点で，音響的にある物体を識別させ，それを含むいくつかの対象物をその後に視覚的に見せた。すると，イルカは正しくその物体を報告した。このイルカは一度も，物体を超音波で叩いた音とその視覚的な形状の対応をさせた経験がなかったが，この実験から，音でも視覚でも同じように対象の形を認識できると考えられた。耳を二つしかもたないイルカがこうした能力をもっていることは不思議である。耳が縦横に何個も並んでいれば，カメ

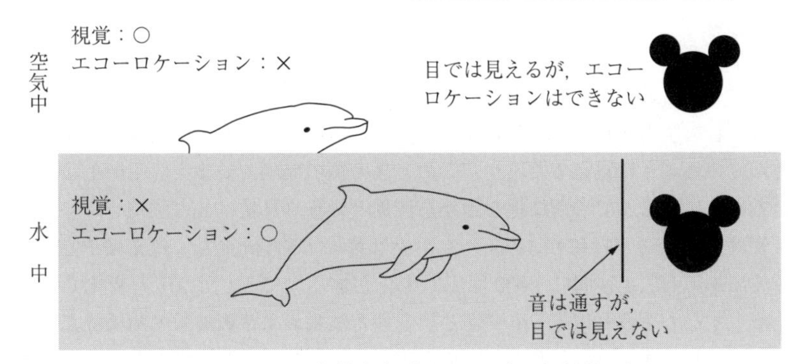

イルカは，目で見た物体を音だけで同じものと認識できた。

図 1.11 Harley らによるイルカの対象識別実験[46]

ラの受光素子のように反射音から画像を再構成できる。二つの耳だけでは原理的には方位しかわからないはずだが，イルカは周辺を動き回り，異なる方向から探り，反射音の波形に含まれる物体の奥行き構造を利用して，形がわかるらしい。

エコーロケーション（反響定位）はイルカとコウモリでよく知られた能力である。両者とも餌生物からこだまが返ってくる超音波領域の周波数を選択している。ただし，音声の波形はずいぶん異なる。コウモリは特定の周波数をもった連続音で，対象物体から跳ね返ってきた音の高さの変化から相対速度を知る。一方イルカは，その音声がきわめて短く周波数帯域が広いという特徴がある。一つのパルスの幅は 50 マイクロ秒程度であり，これを断続的に何回も発する。このため，一つひとつのパルスが跳ね返ってくる時間の変化で，対象物体までの距離や相対速度を測っている。イルカの音声のパルス幅に音速を掛けると水中では 8 cm の長さに相当する。つまり 8 cm 以上離れていれば，二つのターゲットからの音波を分離できる。水中で魚を 1 尾ずつ捕捉しなければならないイルカにとって，精度よくその位置を知るために都合がよい。イルカのエコーロケーションの場合，対象からの反射音はインパルス応答であり，対象物固有の情報，例えば厚みや材質や形状によって音色が変わる。イルカはこれを用いて対象を識別すると考えられている。

コラム3

波長とは

もし音の圧力が目で見えるのならば，それは空気中や水中で濃淡の縞模様が進んでいるように見えるだろう。このときの縞の間隔，つまり音圧が1回上下してもとに戻るまでの間に進む距離を波長という。単位はmである。

音は，空気中では毎秒340m，水中では毎秒1500m進む。例えば1kHzの音波であれば，1秒間に1000回圧力変化があるので，1回の圧力変化で進む距離，すなわち波長は1.5mである。音速と波長および周波数の関係はごく単純で，波長（λ）は周波数（f）を音速（c）で割れば計算できる。

$$\lambda = \frac{c}{f}$$

波長が重要なのは，音の振る舞い方を決めるためである。波長より大きな物体が音の通り道にあると，音が跳ね返される。あるいは，波長より小さい物体であれば音はそれをすり抜けるといってもよい。例えば，人間の音声は300Hz程度であるので，その波長は空中で約1mである。ヤッホーという山びこが聞こえるのは，声の波長より山がずっと大きいので，音はすり抜けられず反射されるからである。これが声の波長よりも小さい対象だったらヤッホーは戻ってこない。

シロナガスクジラが非常に低い声を出すのは，体が大きいという理由はあるが，波長が長く，小さな物体はすり抜けて遠くまで届く利点があるためであろう。低い周波数を使うと吸収減衰も小さくなる。

イルカは超音波を発して魚からのこだまを聞き，その方向や距離を察知して捕まえる。魚群探知機も基本的には同じ機能をもっている。ということはイルカや魚群探知機が使う音波の波長は，魚よりも短くなければならない。実際にイルカも魚群探知機も波長が数cm以下となる数十kHzから100kHz以上の周波数を用いる。

生物学の言葉で収斂（しゅうれん）というものがある。まったく違う種が必要に迫られて同じ能力や構造や機能をもつ現象である。例えば，周りが見えにくい環境に生息しているイルカとコウモリが共通のエコーロケーション能力を獲得したことがよい例だ[47]。イルカと魚群探知機をつくった技術者の音の選択は，まさに生物と工学の収斂といってよいだろう。

イルカや魚など生物が利用する音の選択は，周波数選択という観点に立つと説明できそうである。周波数選択については1.8節に詳述した。

1.4　海牛類の鳴き声と機能

海の哺乳類には変わった仲間がいる。海牛類と呼ばれる動物である。読んで名のとおり，牛のように海の草を食べる。穏やかな草食動物であり，大きくジュゴンとマナティーに分かれる（**図 1.12**）。

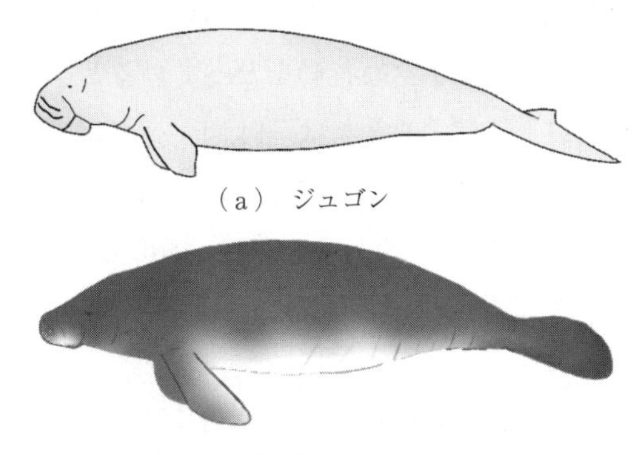

（a）ジュゴン

（b）アマゾンマナティー

よく似ているが，ジュゴンの尾びれがイルカのような切れ込みのある形なのに対し，マナティーの尾びれはしゃもじのような形である。

図 1.12　ジュゴンとアマゾンマナティー

ジュゴンの鳴き声には，ピヨという短い鳴き声とピーヨという長い鳴き声の2種類ある。短い鳴き声をチャープといい，長い鳴き声をトリルという。ジュゴンはどのようにチャープとトリルを使い分けているのだろうか。

ジュゴンの鳴き声のうち，9割近くがチャープで残りの1割弱がトリルである。タイ国のタリボン島南端部で，録音したチャープ，人工音2種類，無音をそれぞれ1分間ずつ水中スピーカから放音してジュゴンの反応を観察した。その結果，ジュゴンは録音したチャープに対して他の音響刺激よりも多く鳴き返した。さらに，返事として発声したチャープは，ジュゴンと水中スピーカの距離が長いときは持続時間が長く，距離が短いときは持続時間も短くなっていた。すなわち，距離に応じて持続時間が変化していた。これは，ジュゴンが他個体のチャープを聞いて，相手との距離をある程度推測できることを示している。一方，トリルの持続時間は距離とは関係がなかった[48]。

鳥羽水族館で飼育されていたジュゴンの「じゅんいち」の通常の行動は，遊泳，摂餌，休息のどれかに分類される。ときどきアクティブな行動として，生殖器を露出させ壁にこすり付けたり，ジャンプしたり，壁に激突したり，ウォーターピロウに抱き付くことが観察される。同時に，多くの鳴き声も記録された。例えば，62時間の録音で得られた持続時間3秒以上のトリルは，合計38回のうち34回がアクティブな行動をとっているときに発せられた。また，チャープが4回以上連続するときは，14回すべてがアクティブな行動中であった[49]。同水族館で飼育されている雌の「セレナ」の鳴き声の約88%が，同水槽内にアオウミガメの「カメ吉」がいる間に発せられていた。特に，両者が接近したときに明瞭なトリルが記録され，最長のトリルは16.74秒も持続した。

マナティーは，ジュゴンと同じ海牛目マナティー科マナティー属の哺乳類の総称である。現存する種はウェストインディアンマナティー，アマゾンマナティー，アフリカマナティーの3種となっている。マナティーはジュゴンとは異なり淡水域に多く生息する。鳴き声についてはウェストインディアンマナティーの先行研究が多い。

ウェストインディアンマナティーの鳴き声の音源音圧は112 dBしかない[50]。近縁種のジュゴンの音源音圧140 dB[48]と比較してもかなり小さい音である。淡水域はテッポウエビなどの背景雑音レベルが低く，小さな声でも十分に届くのかもしれない。

ウェストインディアンマナティーの鳴き声には周波数や持続時間などの音響特性の個体間の差が知られている[51]。Sousa-Limaら[52]によると，仔と成獣および性別によっても鳴き声の音響特性が異なる。また，母仔が離れてしまったときに，近くに戻るまで互いの鳴き声にのみ反応して鳴き返していた。つまり，ウェストインディアンマナティーは鳴き声で個体識別をしているらしい。ただし，Nowacekら[53]のように，異なる個体群間で得られる鳴き声の音響特性に差がないという報告もあるので，ウェストインディアンマナティーの鳴き声による個体識別はまだ議論の余地がある。

Sousa-Lima ら[54]はアマゾンマナティーの鳴き声を8個体の雄（うち5個体が仔）と6個体の雌（うち4個体が仔）から集めた。これらの鳴き声はおもに周波数と持続時間で分類でき，雌は雄に比べて高く短い鳴き声を発していた。また，仔は成獣に比べて鳴き声の周波数が高く，持続時間が短かった。これらから，少なくとも性別や年齢については鳴き声の音響特性から推定できる可能性がある。個体間の音響特性の差異によって個体識別をしているとすると，イルカで観察されているシグネチャーがマナティーの鳴き声にもあるのかもしれない。

1.5　鰭脚類の鳴き声と機能

ここまでに見てきた魚類，鯨類，海牛類は一生を水中で生活する生き物である。これに対して水陸両用仕様なのが，アザラシやアシカの仲間，鰭脚類であり，アシカ科（14種），セイウチ科（1種），アザラシ科（18種）で構成される[55]。鯨類や海牛類と異なり，彼らはネコ目という多くの陸生肉食動物が属する仲間であり，水中で餌をとって陸上や氷上で子育てをする。

これまでにも陸上での行動観察から，鰭脚類の親子間の個体識別に音声が使われたり，音声を学習できたりすることが明らかになってきた。例えば，キタゾウアザラシでは，陸上で雄どうしが雌をめぐって闘うとき，闘争音声で体サイズだけでなく個体を識別できる[56]。一方，水中での発声行動となると，極域などの冷水域に生息する種が多く，アクセスできる場所や時間に制約があることから，鯨類や海牛類ほど水中での鳴き声とその機能についてはわかっていなかった。しかし，近年の技術進歩や研究者の努力により，鰭脚類の多くの種が水のなかでも音声でコミュニケーションをとることがわかってきている[57]。

現時点で判明している限り，氷上で繁殖をするすべての鰭脚類が水中で鳴く[58]。特に水中で交尾をする種（ゾウアザラシを除くすべてのアザラシ科の種とセイウチ）は，音声レパートリーが豊富で，なかでもウェッデルアザラシ，タテゴトアザラシ，ワモンアザラシは多様な鳴き声を出す。種によって特徴的な音はおのおの名前が付いており，例えば，ワモンアザラシの鳴き声はイェルプ，バーク，チャープ，クリック，グロウル，バーストパルス，ノッキング，ウーフという8種類の音に分類される[59)~64)]。

ウェッデルアザラシの音声は年中発せられるが，繁殖期の雄が最も音響的に活発になる[65),66)]。繁殖期になると，雌は来るべき出産と子育てに備えるため，広範囲に分散して積極的に餌をとらなければならない。雄は水中で交尾をする前に求愛行動をして雌を引き付ける必要がある。この求愛行動にひと役買っているのが，鳴き声である。雌への求愛行動だけでなく，雄どうしのなわばり誇示にも音声が使われる[58),67)]。

非繁殖期のコミュニケーションにも音声は重要のようであるが，例えば飼育下のタテゴトアザラシで繁殖期と非繁殖期に発する音声が異なる[68)]。また，この種では雌も繁殖期に多様な鳴き声を出す。つがいを見つける際に雌の音声も重要な役割を担っているのかもしれない。

これらの種に対して，極域に生息するアザラシの多くは1種類か数種類程度の鳴き声しか発しない。ほとんどが“ほえ声（roar）”といわれるうなるような鳴き声のため，おそらく闘争の際に使われると考えられている[69)]。ハイイロアザラシは，陸上で繁殖するグループと氷上で繁殖するグループで音声が異なる[70)]。やはり，生息域の特性やそこでの繁殖戦略によって鳴き声の出し方や使い方が違ってくるのだろう[71)]。

これらのコミュニケーションに使われる鳴き声だけでなく，鰭脚類がハクジラ類のようにクリック音を発してエコーロケーション能力をもつ可能性がかつて報告された[72)]。その後の研究では，クリック音に近いパルス状の音声は確認されているものの，エコーロケーション能力の確認には至っていない。鰭脚類は水陸両用の聴覚システムをもたなければならず，この制約によって，水中でのみ使える鋭敏な高い周波数の音を発するシステム保持に至らなかったのではないかと推測されている[73)]。鰭脚類はエコーロケーション能力のかわりに視覚，嗅覚，聴覚，ヒゲによる水流感覚を発達させて，水中での生活に適応したようである。なお，水中のみで生活する鯨類は，嗅覚の感度が悪い[74]。

1.6　甲殻類の鳴き声と機能

魚だけでなくエビも鳴く。贈答品としておがくずに埋まった生きたイセエビをいただく機会があれば，喜び勇んで茹でてしまう前にぜひ鳴かせてほしい。おがくずを取り払い，はさみに注意しながら背中をもって反対の手をイセエビの顔の前から近づけて見ると，触覚を前に振りながら「ギギーッ」と鳴くはずである。

関東以南の暖かい穏やかな沿岸の海で，水中マイクロホンを垂らしてみると，海のなかがあまりにもうるさいことがわかる。まるで土砂降りの雨のようなパチパチという音がひっきりなしに聞こえてくる。波の音ではない。水面上はいたって平穏で耳を近づけても何も聞こえないのに，水中では巨大な天ぷら鍋でいっせいに揚げ物をしているようなすさまじい音が響いている。その音源はテッポウエビといわれている。ほんの数 cm の無数の小さなエビがぱちんとはさみを打ち鳴らす音が重なって，水中音響分野でいうところの「天ぷら雑音」となる。

テッポウエビは世界中の緯度 40° 以南の沿岸域に広く分布し[75]，盛んに発音する[76]。テッポウエビのパルス音の音源音圧レベルは 190 ～ 210 dB[77,78] であり，なおかつ周波数帯域は 0 ～ 200 kHz 以上にわたる[77]。すなわち，四六時中すべての帯域に雑音を発生させており，多くの生物音響学者の悩みの種となっている。

テッポウエビはハサミを素早く閉じることで発音する。その発音メカニズムをテッポウエビの一種 *Alpheus heterochaelis* の例で紹介しよう[79]。本種は体長が約 5.5 cm の小さなエビだが，ハサミの長さは約 2.8 cm もあり体長のほぼ半分に及ぶ。発音に先立ってまず，外側の筋肉が収縮し，内側の筋肉とハサミの爪を引っ張りながら開いて固定する。このとき，内側の筋肉が収縮しようとするエネルギーが蓄積され，さながら引き絞った弓のような状態になる。そして外側の筋肉を開放すると，内側の筋肉が一気に収縮し爪がもう片方の爪に叩き付けられる（**図1.13**）。

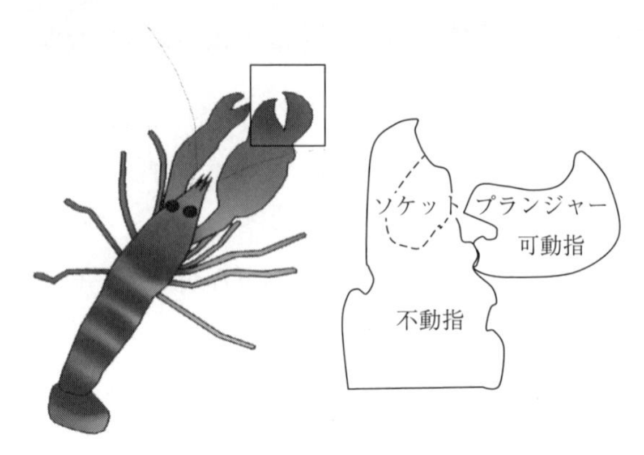

雌雄とも，右または左に大きなハサミがある。ソケットは不動指のくぼみ，プランジャーは可動指の臼歯状突起である。鉤（かぎ）爪を大きく開き，つぎに完全に閉じる。その650マイクロ秒後にキャビテーションが生じパルス音が発せられる。文献79）を参考に作成。

図1.13　テッポウエビの発音機構

爪にはプランジャーとソケット呼ばれる突起と受け口が付いていて，両者が激しくぶつかり合ったときに大きな音が発生する。といってもプランジャーとソケットがぶつかる音そのものが大きいわけではない。

プランジャーとソケットの衝突により秒速25 m（時速90 km）以上の高速ジェット水流が発生する。衝撃で生じた圧力の疎密波の疎の部分は，水が蒸発する真空に近いところまで低下する。海中には微細気泡があるが，これが高速ジェット水流で生じた負圧によって一気に膨張した後，もとの圧力に戻って急速に崩壊する。このように流体中で泡が短時間に発生・崩壊する現象をキャビテーションといい，短時間で生じる大きな圧力変化に伴って大きなパルス音が発生する。これが天ぷら雑音の正体である。

キャビテーションによって発生する衝撃は，近距離であれば生物組織を損傷するほど強い。テッポウエビは爪によって発生させたキャビテーションの衝撃を使って餌生物をしびれさせたり殺したり，同種他個体と闘争したりする。高速カメラで撮影したところ，衝撃波が発生するのは爪先からおよそ3mmの空間である。餌をとるとき，爪先から餌までの距離は平均3mmであるが，同種他個体に向けた威嚇の場合，距離は平均9mmである。これも必要以上に互いを傷つけない儀式的闘争の一つなのだろう。

テッポウエビの数と発音数の関係について，文献80)に詳細な記述がある。はじめに1匹のテッポウエビを水槽で飼育して，後から飼育個体数をだんだんと増やしていく実験をした。テッポウエビは巣を中心としたなわばりをもつため，飼育個体数が増えるに従ってなわばりをめぐる争いの頻度が上がり，発音数は指数関数的に増加した。飼育個体数の密度が上がりすぎて同一の巣穴を複数個体が利用するようになったり，巣穴をもたずに闘争を避けて隅でじっとする個体が出たりするようになると逆に発音数は減少しはじめた。

通常の状態のテッポウエビ1尾の発音は数分から十数分に一度である。海中で間断なく天ぷら雑音が観察されるのは，それだけ多くの個体が発音しているからである。

天ぷら雑音が聞こえるところにはテッポウエビが広く分布している。渡部ら[81)]は，逆に天ぷら雑音が聞こえない状況はテッポウエビ，ひいては生物にとって不利な環境になっているのではないかと考えた。そこで，玄界灘に面した博多港と周防灘に面した宇部港において，1年間にわたって天ぷら雑音を録音・計数したところ，季節変動や日周変動が明瞭に記録された。冬季に発音数が減少し，5月から10月にかけて増加した。1日のなかでは夜間，特に日没前後に発音頻度が上昇した。しかし，発音頻度がピークに達する夏季でも貧酸素水塊が発生すると発音頻度が大きく減少し，回復するのに1か月間かかった。テッポウエビは遊泳力が高くはなく，貧酸素水塊およびそれと併発することが多い硫化水素に対しても耐性が低いため，このような水質環境においては逃避できず死亡してしまう。このため，水質汚濁が生じると録音される音の数が著しく減少する。すなわち，テッポウエビの天ぷら雑音を数えると，夏季の過去

1か月間の水質汚濁の発生がわかるのである。

テッポウエビの音で水中物体を見る試みもなされている。音響的には，テッポウエビの音は海底に散りばめられた豆電球の光のようなもので，これに照らされた物体からの反射音を音のレンズを通して撮像すれば，写真撮影をするように音で物体の画像を得られる。Epifanio ら[82]は，水中の物体から反射される天ぷら雑音を130本の水中マイクロホンアレイで録音した。このアレイによって収音される範囲は，アレイ中心から上下左右におよそ1～3°で，有効距離はおよそ40 m である。アレイで構成される狭いビームごとの受波音圧レベルをピクセルの色の濃淡で表現した。その結果，アレイから38 m の距離においた物体形状の画像が得られた。acoustic daylight imaging と呼ばれるこの技術は，まったくの静穏な環境では使えない。水中が生物音に満ちていて，はじめて実現可能なものだ。同様に水中生物がこうしたやり方でイメージングを行っているか否かは，おもしろく挑戦しがいのある仮説である。

ある種のテッポウエビは，じつに興味深い生態をもっている。彼らはアリのような真社会性動物なのだ。人間のような社会性とは異なり，うまく遺伝子を残すシステムを構築している血縁度の高い集団である。特に不妊個体の存在，親子2世代の共存，仔の共同保護といった特徴がある。真社会性生物の代表はハチやアリといった昆虫であり，哺乳類ではハダカデバネズミが知られている。Duffy[83]は，海の生物で初めての真社会性生物を発見した。カリブ海のサンゴ礁に生息するテッポウエビ *Synalpheus regalis* は海綿のなかに300以上の個体からなるコロニーを形成する。コロニーは1匹の女王エビと血縁関係にある働きエビで構成される。仔は共同保育され，（おそらく）不妊の大型個体は他種の敵からコロニーを防衛する。対敵の防衛行動は文献84)に詳しく記載されている。敵がコロニーに近づいた際に見張りエビがパルス音を発し，他のエビによる発音を促す。敵がさらに侵入を試みた場合，エビたちによる対敵の発音はどんどん増えていく。ただし，コロニー侵入防止のためにエビが移動することはなく，発音そのものは威嚇のためだけに用いられているようである。

1.7 音の方向認知と識別

鳴き声の聞き手が発声個体に対して適切な反応行動をするためには，鳴き声からその発声個体がどのあたりにいて誰なのか判断できなくてはならない。餌生物が発する音をたよりに捕食するにしても，イルカがエコーロケーションで餌生物を探知するにしても，反射音の到来方向を正確に認知する必要がある。また，いろいろな雑音に紛れて音が聞こえにくい状況でも，野生生物はその音の主が誰なのか識別しなければならない。

人間を含む哺乳類は左右二つの耳で聴音し，音源の方向を識別できる。これを音源定位という。簡単な実験をしてみよう。誰かに目をつぶってもらい，3 m ほど離れて正面で拍手をする。自分はその後黙って右か左に 1 歩動いてもう 1 回拍手をする。そして目をつぶったままの人に，どちらに音源が動いたか手を挙げてもらう。すると，ほぼ確実に拍手を聴いただけで音の移動方向を言い当てることができる。

人間の脳が音源定位をするときに用いる情報は，音質の変化と音の到達時差である。音が耳に達するまでに，耳たぶや頭部，肩までの上半身により対象音が変化する。この変化を表す頭部伝達関数は音の到来方向によって異なる。例えば音源が上か下かの判断や前後の判断が可能である。また，両耳に到達する音の時間差（両耳間時間差）と強度差（両耳間強度差）を利用して平面上の方向を推定することもできる。

左右の耳に到達する音の強度に差が出るためには，音が頭部の遮蔽によって反射・散乱した後，もう一方の耳に減衰して到達しなくてはならない。空中で両耳間強度差が得られる 1 500 Hz の音波の波長はおよそ 23 cm であり，これは成人の全頭高にほぼ等しい。また，実際には 2 000 Hz 以上で両耳間強度差が有効になるが，このときの波長（約 17 cm）は成人の頭幅に近い[85]。

人間には，水中での音源定位はとても難しい。水中では音速が空中の約 4.5 倍になるので両耳間時間差が小さい。同じ周波数でも波長が伸びるため，両耳間強度差が有効になる周波数もおよそ4.5倍になる。また，水と頭部の組織はインピーダンスが近いため，反射・散乱が小さく強度差があまり出ない。慣れ親しんだ自分の頭部伝達関数が，まったく使えなくなってしまう。

音源定位の能力を表す数値としてよく用いられるのが，最小弁別角度である。人間の最小弁別角度は空気中では1°程度であるが，水中ではダイバーの最小弁別角度が3.5～6.5 kHzで7°から12°弱である。水中における人間の時間差弁別能力，すなわち両耳間時間差の識別能力そのものは10～40マイクロ秒であり空気中とほぼ等しい[86]ので，最小弁別角度が水中で大きくなるのは音速が空気中に比べて速いからである。

鯨類はクリック音と呼ばれる超音波を発し，対象物からの反射音を聴いて対象との距離や材質を判断する（エコーロケーション）。ハンドウイルカは人為的に発した64 kHzのクリック音を0.9°の最小弁別角度で定位できる。周波数の高い音は直進性が高いとはいえ，音速の速い水中における角度分解能としては驚くべき数値である。イルカの聴音器官の間隔を人間と同程度とし，水中音速（1 500 m/s）とすると，水中におけるイルカの時間差弁別能力は人間のそれの約5倍でなければならない。

アザラシやアシカなどの鰭脚類の音源定位についても研究が進められている。ゼニガタアザラシの最小弁別角度は周波数によって異なり，1 kHzで4°，16 kHzで18°であった[87),88]。

魚類も音源定位できる。ただし，その精度はイルカやアシカに比べひと桁落ちる。魚類は耳の構造からも音源方位の識別能力は小さいと考えられる。多くの魚類は体の幅が狭く，耳石を含む二つの耳の間の距離が小さい。また，感度がよい周波数は低く，波長が耳の間の距離に比べとても長い。つまり，二つの耳で受信される音の大きさや位相差が小さく。大型の海生哺乳類に比べ音の方位検出が難しい。魚は，音圧だけでなく水の変位にも敏感で，これを側線で感じている。水の変位は動いた物体，例えば餌や捕食者のごく近傍にしか伝わらないが，側線にある有毛細胞によって変位の方位を感じることができる。魚は，海生哺乳類とは異なった仕組みで，近くにある重要な生き物の位置を検出している。

音の定位能力を駆使しても，非常に大きな集団のなかから特定の個体を音声で見つけることは難しい。しかし，その対処方法を生物はもっている。カクテルパーティー効果といって，雑音に紛れて普通は聞こえないようなかすかな声，例えば自分の名前が呼ばれたときに，その声の主をすぐに見つけることができる。私たちもよく経験する現象である。例えば，ペンギンの研究が文献89）に詳しく紹介されている。キングペンギンは特定の巣をつくらずに，数千羽がひしめくコロニーのなかで，雄と雌がつがいを形成し，繁殖期間中は互いに配偶者を変えない。卵が産まれると，つがいの片方が卵を温め，もう片方は摂餌へ出かけるが，摂餌から戻ると配偶者と合流し抱卵を交代するために鳴き交わす[90)]。氷上の大集団で特定の相手を見つけ出すためには，鳴いた個体の位

コラム4

寂しげなイルカの声

いまとなってはおそらく絶滅したと思われるヨウスコウカワイルカ[91)]は，1998年の時点では生きていた。野生から捕獲された雌の1頭が，揚子江の三日月湖に放たれていた。ちょうど中国との共同研究を始めたばかりだったので，録音機材を抱えてそのイルカを見に行った。

港を出て30分も走っただろうか。曇天のなか，鏡のような水面にヨウスコウカワイルカが浮上した波紋が見えた。さっそく水中マイクロホンを降ろしてみる。すると，ピーィーという何とももの寂しげな声が聞こえてきた。三日月湖の雌は穏やかな動きではあったが，この声は何度も繰り返し記録された。

この湖にはその雌1頭しかヨウスコウカワイルカはいない。仲間がいないうえに絶滅が目前に迫っていることも知らず，たった一人で泳ぎながら鳴いているのを聞くのは，なかなか辛いものがあった。ヨウスコウカワイルカを救えなかった科学者の一人として，何とかする手立てはなかったのかといまでも思う。

図　ヨウスコウカワイルカ（撮影：笹森琴絵）

置の情報は必要不可欠である。

キングペンギンの鳴き声は親子の間でも重要な役割を担う。親は鳴き声によって自分の雛を認識し，鳴き声が通常の半分の長さでも認識の間違いは起こらない。ところが，雛のくちばしを粘着テープで固定して鳴けなくした場合，親は雛を認識できる確率が下がってしまう。視覚による個体識別がないわけではないが，鳴き声が最も重要な鍵となっていることは間違いないだろう。

このような鳴き声による個体識別に関する実験は，エンペラーペンギン[92]，アデリーペンギン[93]，マカロニペンギン[94]，イワトビペンギン[95]でも実施されており，これら4種についても同様の結果が得られている[89]。

1.8 音の周波数選択

これまでに紹介した内容から，生き物は通信の需要に応じて音声の種類を自由に選んできたように見えるかもしれない。しかし多くの場合，使う音の周波数は音響物理的な制約を受けている。

生物学を学ぶと，制約条件といえば餌の豊富さとか繁殖相手との遭遇とか水温や基礎代謝などが思い浮かぶ。餌がなくなれば移動するし，繁殖相手のいる海域でタイミングよく遺伝子を残さなければならない。水温が低すぎれば暖かい水域に動いて体温を維持する動物もいる。同じように，生物がコミュニケーションを行う場合でも，その音が届くかどうかあるいは受信可能かどうかかは，強い制約条件になっている。少しでも遠距離で正確に情報伝達できたほうが，生き残ったり子孫を残したりする可能性が高まるからである。

例えば，水中で長距離通信しようと思ったら，低い周波数を使うしかない。高い周波数ではどんなに大きな音を出したとしても，吸収減衰のため遠くまで届かない。高い周波数の音波は，水中における物質の分子運動としてエネルギーを失い減衰する。一般的に，10 kHz から 1 MHz までの音波は硫酸マグネシウム，100 Hz から 3 kHz までの音波はホウ酸のイオンの分子共鳴によって緩和吸収が起きる[96]。

夏に北の海で餌を食べ，冬に南の海で繁殖を行う大型のヒゲクジラにとって，北太平洋は庭のようなものであろう。そんな彼らの身になって考えてみれば，どのような周波数の声を選択すべきか自明である。低い周波数の声を使えば遠く離れた個体どうしで通信できるし，雌に声を届けて繁殖に役立てたい雄も自分の宣伝範囲を拡げられる。地球上最大体重の生物であるシロナガスクジラは低い声ならば 17 Hz で鳴く。この音の波長は 88 m である。魚類やちょっとした障害物は楽々とすり抜け，遠方まで届きやすい。

シロナガスクジラの鳴き声は，再生しても人間の耳にはほとんど聞こえない。あまりにゆっくりで，再生するスピーカの面の往復振動が目で見えるほどだ。これだけ低い周波数になると 1 km 進んでも吸収で小さくなる割合は 0.000 1 dB 以下ととても小さい。

ではイルカの音声について見てみよう。イルカのエコーロケーションも漁師が使う魚群探知機も基本的には機能は同じである。音波を発し，魚から跳ね返って来たこだまを聞いて，その方位や距離を知る。ここで使われる音波の波長は反射する物体より短くなければならない。

魚の体のなかで音波をよく反射するのは体内にあるウキブクロで，マイワシならその直径は 1 ～ 2 cm である。波長が 1.5 cm となる周波数を計算すると 100 kHz である。魚の探知には物理的な制約で 100 kHz 前後の音波を用いなければならない。実際にイルカが使っている超音波ソナーの周波数は 70 kHz から 130 kHz が多い。じつは，魚群探知機も 38 kHz から 200 kHz あたりを用いている。魚群探知機はシラスからマグロまでいろいろな大きさの魚を見つけなければならないので，周波数の幅が広い。

周波数が高ければ，より細かいところが見える。しかし高すぎると遠くまで届かなくなる。超音波画像診断装置に使われている 4 MHz という音波であれば波長は 0.4 mm であり，体のなかの細かい構造が見える。ただし，4 MHz となれば，その到達距離は数十 cm 程度であり，とても大海原を泳ぐ魚の探知には使えない。

周波数の選択でもう一つ注意しなければならないのは，浅い水域ではそもそも遠くまで届かない周波数が存在するため，ノイズキャンセルヘッドホンのような効果があることだ。浅い海で音が水平伝搬すると，水面からの反射音が避けられない。水面は完全な反射体であるばかりでなく，位相を反転させてしまう。水中では直接波と反射波が干渉して二つの波がキャンセルしてしまい，音圧が低くなる。鏡に映したように仮想的な逆位相の音源が水面上にあるとする

コラム 5

音圧とは：頭の上にイルカが 1 頭

自転車のタイヤに空気を入れたり，マヨネーズを絞り出したりすれば，圧力がかかる。定義からいえば，圧力とは単位面積当りにかかる力である。例えば，私たちが生活している地球上の大気圧はだいたい 1 cm^2 当り 1 kg 重である。人間の頭を上から見たときの面積はだいたい 300 cm^2 くらいなので，信じられないかもしれないが，私たちの頭の上には体重 300 kg のイルカが 1 頭乗っているほどの力がかかっている。これは 10 km まである大気圏に充満した空気が地球の重力に引っ張られている力に等しい。底面 1 cm^2，高さ 10 km の細長く四角いパイプに詰まっている空気の重さが 1 kg といってもよい。

この巨大な力を感じないのは，パスカルの法則で説明できる。四方八方に穴のあいたボールに一方から水を押し込むと，すべての穴から水が噴き出す現象である。空気も水も流体なので，どこかにかかった圧力は均等にどの方向にも拡がる。つまり頭の上だけでなく顔にも胸にも 1 cm^2 当り 1 kg の圧力がかかっているため，頭蓋骨は頭の上からも下からも同じ力で押されている。頭蓋骨の上と下で面積は同じなので，私たちは頭上 10 km の大気の重さを感じない。

圧力の単位はパスカル（Pa）という。なじみのある呼び方は hPa（ヘクトパスカル）であろう。聞いたことがない人はいないはずである。例えば，沖縄南東海上で台風の中心気圧が 940 hPa だったら，これは十分に警戒したほうがよい。渦を巻く台風の中心気圧が低いということはそれだけ圧力勾配が大きく風が強くエネルギーも大きいということである。ここで出てくる h（ヘクト）とは 100 倍という意味である。1 Pa は 1 m^2 当り 1 N（ニュートン）の力がかかっていることを意味する。例えば 1 kg の物体が 1 m^2 の地表で支えられているとすると，地表の受ける圧力は 9.8 N。だいたい 10 N といってよい。地表の大気圧はおおむね 1 000 hPa つまり 10 万 Pa である。これは 1 m^2 に 10 トンである。1 cm^2 なら 1 kg である。じつに私たちの頭上にはイルカ 1 頭 300 kg もの空気が乗っているのである！

とうまく説明できるため鏡像効果とも呼ばれる。水面は音波にとっては暖簾(のれん)に腕押しであって，圧力はいつも大気圧と同じであり，つねに入射波を打ち消す反射音が跳ね返ってくる。例えば，水深 2 m の場合，188 Hz 以下（波長 8 m 以上）の音は水平に伝搬せず，遠くに届かない。魚はこの性質をうまく使っているのではないかと推測されている。イルカやクジラに比べ，魚の周波数選択は不思議である。体が小さいわりに声の周波数が低く，わざわざ遠くまで届きにくい周波数帯域を使っているように見えるためである。浅い川や池に生息している魚の用いる数百 Hz の音波は，波長が数 m もあり池や川で発声したとしても先ほど述べた水面の鏡像効果によって打ち消され，遠くまで届かない[97]。せせらぎや滝などの雑音源が多い浅い水域であっても低周波領域は鏡像効果によって静かである。これを静穏周波数窓と考え，魚はこれを積極的に利用しているのではないかと考えられている。魚が鳴き声を発するのは，ディスプレイ行動などごく近くに存在する同種の他の個体に対する場合が多い。むしろ遠距離には伝搬しないほうが敵に見つかりにくい。であれば静かな帯域を用いて近くの個体にだけ確実にメッセージを伝えたほうが有利であろう。せせらぎの魚は積極的に静穏周波数窓を利用しているのかもしれない。

引用・参考文献

1)　Fish, M. P., and W. H. Mowbray：The Johns Hopkins Univ. Press（1970）

2)　Horch, K., and M. Salmon：Adaptations to the acoustic environment by the squirrelfishes Myripristis violaceus and M. pralinius, Marine & Freshwater Behaviour & Phy, **2**, 1-4†, pp. 121-139（1973）

3)　Millot, S., P. Vandewalle, and E. Parmentier：Sound production in red-bellied piranhas（*Pygocentrus nattereri*, *Kner*）：an acoustical, behavioural and morphofunctional study, Journal of Experimental Biology, **214**, 21, pp. 3613-3618（2011）

4)　道津喜衛：カサゴの発音機構について，九州大學農學部學藝雜誌，**13**, 1/4, pp.

† 論文誌の巻番号は太字，号番号は細字で表記する。

286-288 (1951)

5) 宮川昌志，竹村 暘：Studies on the underwater sound. Part XI. Acoustical behavior of the scorpaenoid fish Sebastiscus marmoratus, 日本水産学会誌，**52**, 3, pp. 411-415 (1986)

6) Ueng J, B Huang and H Mok：Sexual differences in the spawning sounds of Japanese Croaker, *Argyrosomus japonicus* (Sciaenidae), Zoological Studies - Taipei, **46**, 1, pp. 103-110 (2007)

7) 竹村 暘：ベルソーブックス 021 水生動物の音の世界，成山堂書店 (2005)

8) Skjaeraasen, J. E., J. J. Meager, and M. Heino：Secondary sexual characteristics in codfishes (Gadidae) in relation to sound production, habitat use and social behaviour, Marine Biology Research, **8**, 3, pp. 201-209 (2012)

9) 朴容石ほか：スケトウダラの性別と成熟状況および季節による発音筋重量の変化，北海道大學水産學部研究彙報，**45**, 4, pp. 113-119 (1994)

10) 朴容石ほか：スケトウダラの音響生態学的研究 I 飼育下におけるスケトウダラの繁殖行動に伴う鳴音，日本水産学会誌，**60**, 4, pp. 467-472 (1994)

11) Iwatani, H., A. Onuki, and H. Somiya：Sound Production in Fourspine Sculpin *Cottus kazika*, Cottidae: Sound Properties and Seasonal Variations of Sonic Muscle Size, Aquaculture Science, **59**, 3, pp. 343-350 (2011)

12) Kastenhuber, E., and S. C. F. Neuhauss：Acoustic communication: sound advice from piranhas, Current Biology, **21**, 24, pp. R986-R988 (2011)

13) Ladich, F., and M. L. Fine：Sound-generating mechanisms in fishes: a unique diversity in vertebrates, Communication in fishes 1, pp. 1-41 (2006)

14) Fine, M. L.：Swimbladder sound production: the forced response versus the resonant bubble, Bioacoustics, **21**, 1, pp. 5-7 (2012)

15) Payne, R. S., and S. McVay：Songs of humpback whales, Science, **173**, 3997, pp. 585-597 (1971)

16) Smith, J. N., et al.：Songs of male humpback whales, *Megaptera novaeangliae*, are involved in intersexual interactions, Animal Behaviour, **76**, 2, pp. 467-477 (2008)

17) Darling, J. D., and M. Bérubé：Interactions of singing humpback whales with other males, Marine Mammal Science, **17**, 3, pp. 570-584 (2001)

18) Payne, K., and R. Payne：Large scale changes over 19 years in songs of humpback whales in Bermuda, Ethology, **68**, 2, pp. 89-114 (1985)

19) Noad, M. J., et al.：Cultural revolution in whale songs, Nature, **408**, 6812, pp. 537-537 (2000)

20) Garland, E. C., et al.：Dynamic horizontal cultural transmission of humpback whale song at the ocean basin scale, Current Biology, **21**, 8, pp. 687-691 (2011)

21) Clark, C. W., and P. J. Clapham：Acoustic monitoring on a humpback whale (*Megaptera novaeangliae*) feeding ground shows continual singing into late Spring, Proceedings of the Royal Society B, Biological Sciences, **271**, 1543, pp. 1051-1057 (2004)

22) 前田英雅：沖縄海域におけるザトウクジラの鳴音の音響特性に関する研究，長崎大学博士論文 (2002)

23) Darling, J. D., J. M. V. Acebes, and M. Yamaguchi：Similarity yet a range of differences between humpback whale songs recorded in the Philippines, Japan and Hawaii in 2006, Aquatic Biology, **21**, 2, pp. 93-107 (2014)

24) Sayigh, L. S., et al.：Signature whistles of free-ranging bottlenose dolphins *Tursiops truncatus*: stability and mother-offspring comparisons, Behavioral Ecology and Sociobiology, **26**, 4, pp. 247-260 (1990)

25) Janik, V. M., and L. S. Sayigh：Communication in bottlenose dolphins: 50 years of signature whistle research, Journal of Comparative Physiology A, **199**, 6, pp. 479-489 (2013)

26) Harley, H. E.：Whistle discrimination and categorization by the Atlantic bottlenose dolphin (*Tursiops truncatus*)：A review of the signature whistle framework and a perceptual test, Behavioural Processes, **77**, 2, pp. 243-268 (2008)

27) McCowan, B., and D. Reiss：The fallacy of 'signature whistles' in bottlenose dolphins: a comparative perspective of 'signature information' in animal vocalizations, Animal Behaviour, **62**, 6, pp. 1151-1162 (2001)

28) Ford, J. K. B., and H. D. Fisher：Killer whale (*Orcinus orca*) dialects as an indicator of stocks in British Columbia, Rep. Int. Whal. Commn, **32**, pp. 671-679 (1982)

29) Ford, J. K. B.：Acoustic behaviour of resident killer whales (*Orcinus orca*) off Vancouver Island, British Columbia, Canadian Journal of Zoology, **67**, 3, pp. 727-745 (1989)

30) Ford, J. K. B.：Vocal traditions among resident killer whales (*Orcinus orca*) in coastal waters of British Columbia, Canadian Journal of Zoology, **69**, 6, pp. 1454-1483 (1991)

31) Deecke, V. B., J. K. B. Ford, and P. Spong：Dialect change in resident killer whales: implications for vocal learning and cultural transmission, Animal Behaviour, **60**, 5,

pp. 629-638 (2000)

32) Au, W. W. L. : The sonar of dolphins, Springer (1993)

33) Cranford, T. W., M. Amundin, and K. S. Norris : Functional morphology and homology in the odontocete nasal complex: implications for sound generation, Journal of Morphology, **228**, 3, pp. 223-285 (1996)

34) Cranford, T. W., et al. : Observation and analysis of sonar signal generation in the bottlenose dolphin (*Tursiops truncatus*) : evidence for two sonar sources, Journal of Experimental Marine Biology and Ecology, **407**, 1, pp. 81-96 (2011)

35) Aroyan, J. L., et al. : Computer modeling of acoustic beam formation in D elphinusdelphis, The Journal of the Acoustical Society of America, **92**, 5, pp. 2539-2545 (1992)

36) Au, W. W. L., and C. Wei : A review of new understanding of the role of individual structure within the head of dolphins in formation of biosonar signal and beam, Oceanography and Fisheries, Opj 2 (1) : OFOAJ.MS.ID.555579 (2017)

37) Lammers, M. O., and M. Castellote : The beluga whale produces two pulses to form its sonar signal, Biology Letters, **5**, pp. 297-301 (2009)

38) Madsen, P. T., D. Wisniewska, and K. Beedholm : Single source sound production and dynamic beam formation in echolocating harbour porpoises (*Phocoena phocoena*), Journal of Experimental Biology, **213**, 18, pp. 3105-3110 (2010)

39) Amundin, M., and S. H. Andersen : Bony nares air pressure and nasal plug muscle activity during click production in the harbour porpoise, *Phocoena phocoena*, and the bottlenosed dolphin, *Tursiops truncatus*, Journal of Experimental Biology, **105**, 1, pp. 275-282 (1983)

40) Mackay, R. S., and H. M. Liaw : Dolphin vocalization mechanisms, Science, **212**, 4495, pp. 676-678 (1981)

41) Aroyan, J. L., et al. : Acoustic models of sound production and propagation, Hearing by whales and dolphins, Springer, pp. 409-469 (2000)

42) Mead, J. G. : Anatomy of the external nasal passages and facial complex in the Delphinidae (Mammalia, Cetacea), University of Chicago (1972)

43) Heyning, J. E. : Comparative facial anatomy of beaked whales (Ziphiidae) and systematic revision among the families of extant Odontoceti, Contributions in science, Natural History Museum of Los Angeles, **405**, pp. 1-64 (1989)

44) Au, W. W. L., et al. : Measurement of echolocation signals of the Atlantic bottle-nose dolphin, *Tursiops truncatus* Montagu, in open waters, The Journal of the

Acoustical Society of America, **56**, 4, pp. 1280-1290 (1974)

45) Au, W. W. L.：Target sonar discrimination cues, Marine mammal sensory systems. Springer US, pp. 357-376 (1992)

46) Harley, H. E., E. A. Putman, and H. L. Roitblat：Bottlenose dolphins perceive object features through echolocation, Nature, **424**, 6949, pp. 667-669 (2003)

47) Madsen, P. T., and A. Surlykke：Functional convergence in bat and toothed whale biosonars, Physiology, **28**, 5, pp. 276-283 (2013)

48) Ichikawa, K., et al.：Callback response of dugongs to conspecific chirp playbacks, The Journal of the Acoustical Society of America, **129**, 6, pp. 3623-3629 (2011)

49) Hishimoto, Y., et al.：The acoustical characteristics of dugong calls and the behavioral correlates observed in Toba aquarium, Proceedings of the 2nd International symposium on SEASTAR 2000 and Asian Bio-logging Science (The 6th SEASTAR 2000 Workshop), pp. 25-28 (2005)

50) Phillips, R., C. Niezrecki, and D. O. Beusse：Determination of West Indian manatee vocalization levels and rate, The Journal of the Acoustical Society of America, **115**, 1, pp. 422-428 (2004)

51) O'shea, T. J., and L. B. Poché Jr.：Aspects of underwater sound communication in Florida manatees (*Trichechus manatus latirostris*), Journal of Mammalogy, **87**, 6, pp. 1061-1071 (2006)

52) Sousa-Lima, R. S., A. P. Paglia, and G. A. B. da Fonseca：Gender, age, and identity in the isolation calls of Antillean manatees (*Trichechus manatus manatus*), Aquatic Mammals, **34**, 1, pp. 109 (2008)

53) Nowacek, D. P., et al.：Intraspecific and geographic variation of West Indian manatee (*Trichechus manatus spp.*) vocalizations (L), The Journal of the Acoustical Society of America, **114**, 1, pp. 66-69 (2003)

54) Sousa-Lima, R. S., A. P. Paglia, and G. A. B. da Fonseca：Signature information and individual recognition in the isolation calls of Amazonian manatees, *Trichechus inunguis* (Mammalia: Sirenia), Animal Behaviour, **63**, 2, pp. 301-310 (2002)

55) 米澤隆弘，甲能直樹，長谷川政美：鰭脚類の起源と進化，統計数理，**56**, 1, pp. 81-99 (2008)

56) Casey, C., et al.：Rival assessment among northern elephant seals: evidence of associative learning during male–male contests, Royal Society Open Science, **2**, 8, p. 150228 (2015)

57) Van Parijs, S. M., et al.：Patterns in the vocalizations of male harbor seals, The

Journal of the Acoustical Society of America, **113**, 6, pp. 3403–3410 (2003)

58) Van Opzeeland, I., et al.：Insights into the acoustic behaviour of polar pinnnipeds-current knowledge and emerging techniques of study, In: Animal Behaviour: New Research. Weber, E. A., L. H. Krause (Eds). Nova Science Publishers. Hauppage (2008)

59) Schevill, W. E., W. A. Watkins, and C. Ray：Underwater sounds of pinnipeds, Science, **141**, 3575, pp. 50–53 (1963)

60) Stirling, I.：Vocalization in the ringed seal (*Phoca hispida*), Journal of the Fisheries Board of Canada, **30**, 10, pp. 1592–1594 (1973)

61) Stirling, I., W. Calvert, and H. Cleator：Underwater vocalizations as a tool for studying the distribution and relative abundance of wintering pinnipeds in the High Arctic, Arctic pp. 262–274 (1983)

62) Hyvarinen, H.：Diving in darkness: whiskers as sense organs of the ringed seal (*Phoca hispida saimensis*), Journal of Zoology, **218**, 4, pp. 663–678 (1989)

63) Kunnasranta, M., H. Hyvärinen, and J. Sorjonen：Underwater vocalizations of Ladoga ringed seals (*Phoca hispida ladogensis Nordq.*) in summertime, Marine Mammal Science, **12**, 4, pp. 611–618 (1996)

64) Rautio, A., et al.：Vocal repertoire of the Saimaa ringed seal (*Phoca hispida saimensis*) during the breeding season, Marine Mammal Science, **25**, 4, pp. 920–930 (2009)

65) Green, K., and H. R. Burton：Annual and diurnal variations in the underwater vocalizations of Weddell seals, Polar Biology, **8**, 3, pp. 161–164 (1988)

66) Rouget, P. A., J. M. Terhune, and H. R. Burton：Weddell seal underwater calling rates during the winter and spring near Mawson Station, Antarctica, Marine Mammal Science, **23**, 3, pp. 508–523 (2007)

67) Van Parijs, S. M., C. Lydersen, and K. M. Kovacs：Vocalizations and movements suggest alternative mating tactics in male bearded seals, Animal Behaviour, **65**, 2, pp. 273–283 (2003)

68) Serrano, A.：New underwater and aerial vocalizations of captive harp seals (*Pagophilus groenlandicus*), Canadian Journal of Zoology, **79**, 1, pp. 75–81 (2001)

69) Rogers, T. L.：Factors influencing the acoustic behaviour of male phocids seals, Aquatic Mammals, **29**, 2, pp. 247–260 (2003)

70) Asselin, S., M. O. Hammill, and C. Barrette：Underwater vocalizations of ice breeding grey seals, Canadian Journal of Zoology, **71**, 11, pp. 2211–2219 (1993)

71) Stirling, I., and J. A. Thomas：Relationships between underwater vocalizations and mating systems in phocid seals, Aquatic Mammals, **29**, 2, pp. 227-246 (2003)

72) Renouf, D., and M. B. Davis：Evidence that seals may use echolocation, Nature, **300**, pp. 635-637 (1982)

73) Schusterman, R. J., et al.：Why pinnipeds don't echolocate, The Journal of the Acoustical Society of America, **107**, 4, pp. 2256-2264 (2000)

74) 岸田拓士 著，斎藤成也，塚谷裕一，高橋淑子 監修：クジラの鼻から進化を覗く，慶應義塾大学出版会 (2016)

75) Cato, D. H., and M. J. Bell：Ultrasonic ambient noise in Australian shallow waters at frequencies up to 200 kHz. No. MRL-TR-91-23, Materials Research Labs Ascot Vale (Australia) (1992)

76) Everest, F. A., R. W. Young, and M. W. Johnson：Acoustical characteristics of noise produced by snapping shrimp, The Journal of the Acoustical Society of America, **20**, 2, pp. 137-142 (1948)

77) Au, W. W. L., and K. Banks：The acoustics of the snapping shrimp *Synalpheus parneomeris* in Kaneohe Bay, The Journal of the Acoustical Society of America, **103**, 1, pp. 41-47 (1998)

78) Schmitz, B.：Sound production in Crustacea with special reference to the Alpheidae, The crustacean nervous system. Springer Berlin Heidelberg, pp. 536-547 (2002)

79) Versluis, M., et al.：How snapping shrimp snap: through cavitating bubbles, Science, **289**, 5487, pp. 2114-2117 (2000)

80) 竹村 暘 著，日本水産学会 監修：水生動物の音の世界，成山堂書店 (2005)

81) 渡部守義ほか：テッポウエビを用いた海域環境のモニタリング，土木学会論文集，**643**, pp. 49-60 (2000)

82) Epifanio, C. L., et al.：Imaging in the ocean with ambient noise: the ORB experiments, The Journal of the Acoustical Society of America, **106**, 6, pp. 3211-3225 (1999)

83) Duffy, J. E.：Eusociality in a coral-reef shrimp, Nature, **381**, 6582, p. 512 (1996)

84) Tóth, E., and J. E. Duffy：Coordinated group response to nest intruders in social shrimp, Biology Letters, **1**, 1, pp. 49-52 (2005)

85) Duda, R. O., and W. L. Martens：Range dependence of the response of a spherical head model, The Journal of the Acoustical Society of America, **104**, 5, pp. 3048-3058 (1998)

86） 倉本和興ほか：水中伝搬音に対するヒトの方向弁別能力とそのメカニズム，海洋音響学会誌，**26**, 2, pp. 97-106（1999）

87） Bodson, A., et al.：Underwater auditory localization by a swimming harbor seal（*Phoca vitulina*）, The Journal of the Acoustical Society of America, **120**, 3, pp. 1550-1557（2006）

88） Bodson, A., L. Miersch, and G. Dehnhardt：Underwater localization of pure tones by harbor seals（*Phoca vitulina*）, The Journal of the Acoustical Society of America, **122**, 4, pp. 2263-2269（2007）

89） Pierre, J. 著，青柳昌宏 訳：ペンギンは何を語り合っているか―彼らの行動と進化の研究，どうぶつ社（1996）

90） Stonehouse, B.：The King Penguin（*Aptenodytes patagonica*）of South Georgia: I. Breeding behaviour and development, **23**, HMSO（1960）

91） Turvey, S. T., et al.：First human-caused extinction of a cetacean species?, Biology letters, **3**, 5, pp. 537-540（2007）

92） Robisson, P., T. Aubin, and J.-C. Bremond：Individuality in the voice of the emperor penguin Aptenodytes forsteri: adaptation to a noisy environment, Ethology, **94**, 4, pp. 279-290（1993）

93） Jouventin, P., and T. Aubin：Acoustic systems are adapted to breeding ecologies: individual recognition in nesting penguins, Animal Behaviour, **64**, 5, pp. 747-757（2002）

94） Searby, A., P. Jouventin, and T. Aubin：Acoustic recognition in macaroni penguins: an original signature system, Animal Behaviour, **67**, 4, pp. 615-625（2004）

95） Searby, A., and P. Jouventin：The double vocal signature of crested penguins: is the identity coding system of rockhopper penguins *Eudyptes chrysocome* due to phylogeny or ecology?, Journal of Avian Biology, **36**, 5, pp. 449-460（2005）

96） 海洋音響学会 編：海洋音響の基礎と応用，成山堂書店（2004）

97） Lugli, M.：Sounds of shallow water fishes pitch within the quiet window of the habitat ambient noise, Journal of Comparative Physiology, **A 196**, 6, pp. 439-451（2010）

第2章 水中生物の発声行動

第１章で見てきたような，水中生物が出す音やその機能についての研究は，1990 年代まではおもに水槽やプールなど飼育下で行われ，多くの記載がなされてきた。一方，2000 年代以降は野外での研究が比重を増してきており，本書もそれらの新しい知見を中心に紹介する。エコーロケーション能力をもつハクジラ類や，コミュニケーションに音声を用いるヒゲクジラ類・海牛類が，その生息環境でどのように音を用いているのか，しだいに明らかになっている。

この研究を支えているのが，本章で紹介する「バイオロギング」と呼ばれる生物装着型の記録装置を用いた観察手法と，第３章で紹介する「受動的音響観測」と呼ばれる定点式や移動式の受信装置を用いた観察手法である。なかでもバイオロギングは，記録用メモリの大容量化と小型化の恩恵を受け，これまで推測することしかできなかった水中での生物の発声行動を個体ごとに明らかにしてきた。本章では，世界各国で得られたバイオロギング手法による水中生物の発声行動に関する研究結果を紹介する。

2.1 発声行動を直接調べる：バイオロギング

水中生物の発する音のなかでも，研究が先行していたイルカのエコーロケーションに関しては，音源つまりイルカの近くで，音響ビームの中心軸上に水中マイクロホンを置き，特性を調べる方法が古くから採用されてきた。イルカに水中のプレートを噛ませて頭部の位置を決める訓練を施して，エコーロケーションに使われるクリック音を発声させ，それを前方で計測する方法である。ハワイやサンディエゴではアメリカ海軍により活発に研究がされてきた。ただし，この手法はあくまでも十分に訓練したイルカを対象としたものであり，海中で自由に泳いでいるイルカがどのように音を使って生きているのかを説明するための実験ではない。そもそも，この方法は大型のクジラなど飼育が難しい生物では使えない。

近年，生物に音響機器を装着し，直接音響行動を調べる試みがなされている(**図 2.1**)。この技術は「バイオロギング」と呼ばれ，装着する記録計を「データロガー」という。bio-logging とは bio（生き物）と logging（記録する）という単語を組み合わせた和製造語であるが，いまでは世界に拡がり認知されている。記録計は data logger（データロガー）あるいは tag（タグ）などと表現される。電子技術の進歩によりさまざまな部品の小型化・省電力化・高機能化が進んだため，生物に装着して観測を行えるほど小さな独立型電子タグが開発できるようになった。計測できる項目も，時刻・温度・深度などの環境パラメータから始まって，速度・加速度・磁気・GPS などの生物の動きや位置を表す指標や，映像・音響など生物の感覚機能に関連した計測ができる装置がつぎつぎと開発されている[1)]。

クジラの鳴き声と餌をとるときの音を計測するためにアイスランドで行われた実験の風景。装着位置は背びれの前の背中で，先に大きな鼻の穴が見える。音響データロガーのほかに，加速度や磁気を含む行動計測データロガーも抱き合わせた（撮影：Maria Iversen)。

図 2.1　ザトウクジラに吸盤で取り付けたバイオロギング装置

バイオロギングは 1970 年代にスタートしたものの，音響記録はデータ量の多さから他の計測パラメータよりも遅れ 2000 年代に入って進展した。水中で実際に生物に装着され，実用化されている音響記録計は DTAG（digital acoustic recording tag)，Acousonde（旧型名 B-probe)，A-tag の 3 種であり，本章ではこの順に研究の具体事例を紹介していく。このうち，DTAG と Acousond は連続録音型の装置で，無圧縮の生の音を記録できる。一方，A-tag はパルスイベント記録式で小型鯨類のエコーロケーションの観察に特化している。

生物装着型の録音装置を用いると，録音機がつねに生物の体の一定の場所に固定される。そのため，音圧レベルや相対方位の情報から，発声個体の出した音を周辺の他の個体の音から区別できる。同時に，機器を装着した個体の行動や周囲の環境の変化に伴って，装着個体がいつどのような音を発しどのように反応したのかを計測できる。特定の音と環境や行動の関係がわかっていれば，逆に受動的音響観測（詳細は第3章で説明する）で拾った音から，生物がその水域で何のためにどういう行動をしていたのかを推測する参考になる。

音響バイオロギングのなかでも，ハクジラ類がエコーロケーションに使う音を対象とした研究がよく進んでいる。小型のイルカ類であれば飼育下で実験が可能であるうえに，音声の機能があらかじめよくわかっており，その使い方についての解釈が容易である。ただし，エコーロケーション音の記録で注意しなければならないのは，指向性が非常に強く，音響特性がビーム内部での位置によって変化することである（**図 2.2**）。ビーム内外での音響特性の違いは，すでに計測されている飼育下での精密計測結果から推定するか，周辺個体のその装置に対する相対方位を確認して解析することである程度補正できる。

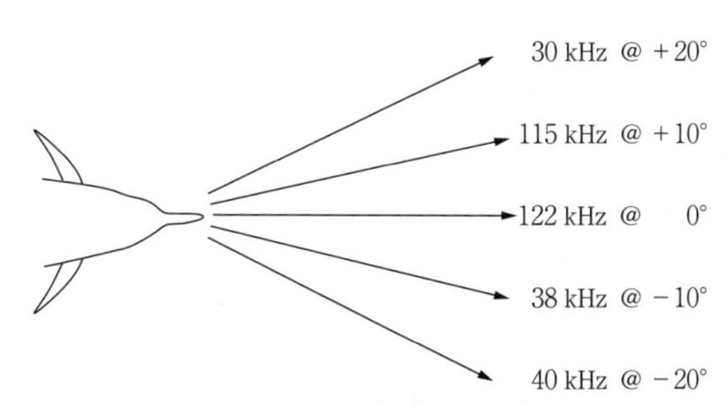

生物が出す音のなかでも特に指向性が高く，軸上の0°から軸外に少しずれるだけで数十 kHz も音が変化する。

図 2.2　上から見たイルカのエコーロケーション音の受信角度による卓越周波数の違い（文献2），p.107 を参考に描いた）

なお，エコーロケーション音のバイオロギングは，水中に限らず，コウモリのようなきわめて小さな陸生哺乳類でも実現され，今後の音響探査技術への波及効果が期待されている。空中での先端的な生物音響学の対象であるコウモリのバイオロギングについては，同志社大学生命医科学研究科脳神経行動工学研

コラム 6

dB とは

dB（デシベル）は，音響研究者であればごく普通に用いている音圧レベルの表記だが，少しわかりにくい。

音の大きさの単位は圧力で Pa（パスカル）である。Pa は物理単位であるが，dB は対数軸での相対値を示す尺度である。したがって，この表記では音の大きさを音圧レベルという。レベルという単語が付いているのは，基準値との比をとっていますよという意味である。

音の大きさである音圧，つまり単位面積当りにかかる空気や水などの媒質の圧力の変化量は，ごく小さなものから爆発のような巨大なものまで，値の範囲が広い。静かな湖と海上橋梁の杭の打込みであれば，0.001 Pa と 1 000 000 Pa つまり 9 桁の違いがある。これをいちいち何千何百何十パスカルとやっているとすぐに桁を間違える。そこで，B（ベル）という対数表記を採用する。音圧の基準値との比の自乗の常用対数をとればよい。自乗するのは圧力をエネルギーに換算するためである。水中音の基準値は慣用的に 1 マイクロパスカルを採用している。100 万分の 1 パスカルである。これに対して，例えばよくある船舶の音源音圧である 100 Pa の音圧レベルは $\log_{10}(100/0.000\,001)^2$。計算すると 16 B（ベル）になる。頭に d（デシ）を付けるとベルの 10 分の 1 を単位とする意味であるから，160 dB となる。ちなみにデシリットルは 1 リットルの 10 分の 1 である。

慣れてしまうとこれほど便利なものはない。静かな湖なら 60 dB re 1 μPa，杭打ちのすぐ近くなら，240 dB re 1 μPa だ。dB の後ろに付いている re は「参照」の意味，1 μPa は基準となる音圧を示している。水中の場合，これを明示していない場合の基準音圧は現代の水中音響の単位系では 1 μPa である。本書でもこれにならっている。なお，音の大きさの差を表すときにも dB が使われる。音圧が 10 倍違えば 20 dB，100 倍違えば 40 dB の差になる。静かな湖と杭打ちの音は 180 dB の差である。音の大きさを比較するときに本当は掛け算や割り算をしなければならないところ，足し算と引き算で事足りるので，9 桁の音圧の差も見慣れた数字で表現できる。

究室[†1(注)]，メリーランド大学心理学研究科聴覚神経研究室[†2]，テルアビブ大学生命科学研究科神経生態研究室[†3]などで情報を得られる。

2.2　音も加速度も水深も録れる DTAG

音響バイオロギングで最も広く用いられてきたのは，DTAG という装置であろう（**図 2.3**）。

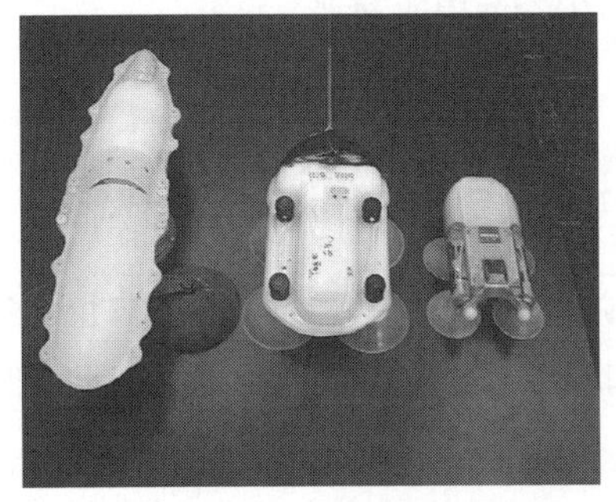

（a）DTAG

（b）DTAG 開発者の Mark Johonson（右）と Peter Tyack（左）

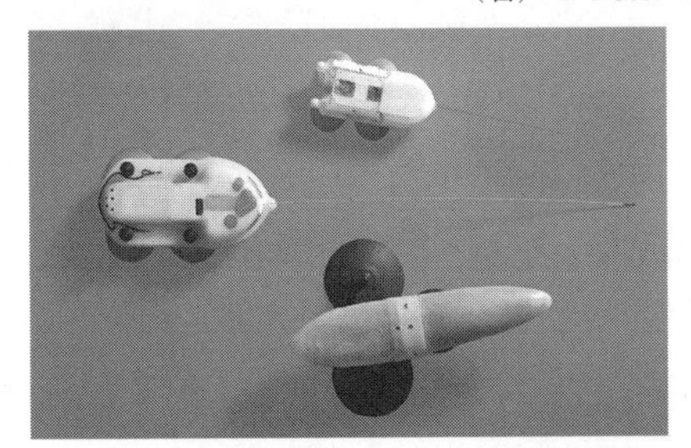

（c）15 年間の DTAG の進化

DTAG は電子回路，電池，吸盤，浮力材と水面に浮上した後の回収目印のための VHF 発信機からなる。DTAG は音のほかに深度や加速度・地磁気を用いた体の動きを半導体メモリに記録する。大きさや記録容量は年々変化してきた。初期のものは 400MB のメモリに 16 kHz のサンプリング周波数で 1 チャンネルに限られており数時間の記録しかできなかった。最近のものは 500 kHz のサンプリング周波数でも約 2 日間記録できる。

図 2.3　音響記録計 DTAG（写真と説明文：M. Johnson and P. Tyack 提供）

DTAG は，アメリカのウッズホール海洋研究所で開発された[3]。96 kHz までの超音波データだけでなく，圧力，3 軸加速度，地磁気も同時に記録する。これらから深度，体角度，および遊泳速度を求め，推測航法から水中の遊泳軌跡を計算することもできる。DTAG は，長い棒や空気砲などを使って，吸盤で生物の体に装着される。本節では，DTAG を使用した一連の音響バイオロギングのなかから，いくつかの研究成果を紹介する。

2.2.1　音で暴かれる！大型ハクジラの深海摂餌潜水

初期の頃の DTAG は，アカボウクジラ科のクジラ[4)~7)]やマッコウクジラ[8)~10)]，ゴンドウクジラ[11)]など深海に潜る大型ハクジラに装着され，これまでにまったくわかっていなかった彼らの深海での発声行動がつまびらかにされた。これ以前にも，大型のハクジラが発する音声は，深海での餌探索に用いられていると推測されていたが，いつどのような音で探索しているのかは明らかにされていなかった。深海数百 m を縦横無尽に泳ぎ回るクジラの行動解明は，まさに，バイオロギングでなければできない観察である。

大型ハクジラは，深く潜った後に水面近くで "休憩" する。そのタイミングを狙って DTAG の生物への装着が試みられた。アカボウクジラやコブハクジラの場合，潜水を開始して 400 m 付近の深度になると，まず比較的持続時間の長い FM（周波数変調）クリック音を発しエコーロケーションを始める。これが彼らにとって "通常" のクリック音であり，餌を探す探索フェーズである（**図 2.4**）。イルカ類が出しているクリック音に比べると，FM クリック音を構成している個々のパルスの長さは 3 ～ 10 倍も長い。獲物に近づくと，クジラは FM クリック音からバズ音（buzz）と呼ばれる短距離探索用の摂餌クリック音に切り替える（**図 2.5**）。buzz と辞書で引くと，「ブザー音，ハチなどがブン

（注）　本書に掲載する URL は編集当時のものであり，変更される場合がある。
†1　https://www1.doshisha.ac.jp/~bioinfo/
†2　http://batlab.umd.edu/index.html./
†3　http://www.yossiyovel.com/

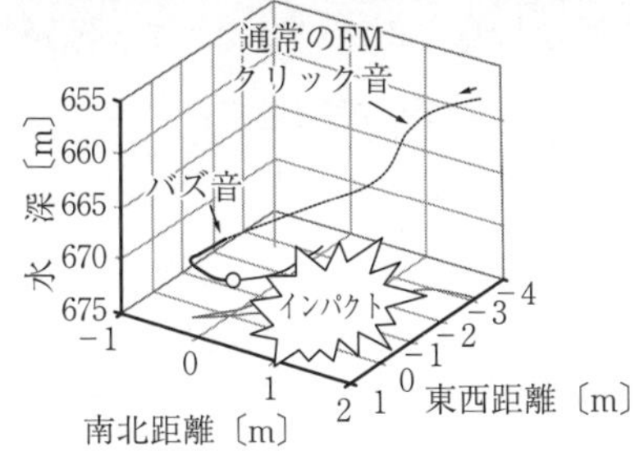

FM（周波数変調）クリック音とバズ音が潜水の途中で使われている様子。捕食と思われるインパクトの直前にバズ音が記録されていた（P. Tyack 提供の図を改変）。

図 2.4 クジラへの DTAG の装着風景とクジラの潜水軌跡

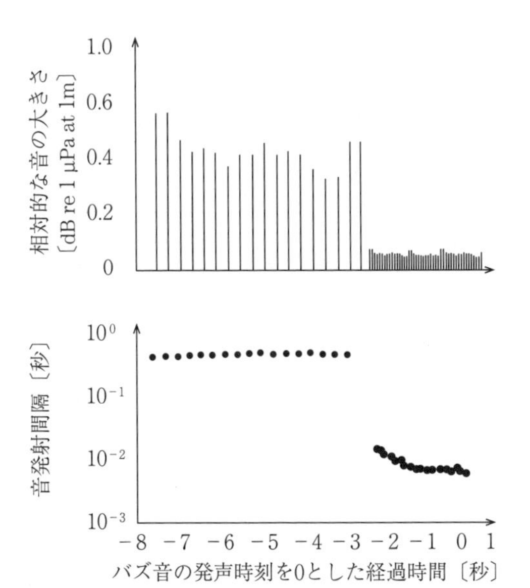

アカボウクジラやコブハクジラは音響探索の際に間隔の長い音から短い音に切り替える。それぞれFMクリック音とバズ音と呼ばれている。バズ音は探索の最終段階で発せられ，餌捕りの指標として用いられる（文献 12）を参考に描いた）。

図 2.5 コブハクジラの音響探索行動

ブンいう音」と出てくる。発声間隔の短い音にぴったりの名前である。バズ音を構成する個々のパルス音は，FMクリック音に比べ発声間隔が 1/2 ～ 1/4 程度短く，パルス幅そのものも約半分の長さである。周波数変調はなく，帯域は約 2 倍広い。音響的には，バズ音はFMクリック音より時間分解能が高く，情報取得も速いと考えられ，獲物の正確な位置を知ることができる。

DTAGに記録された餌生物や海底からの反射音の大きさから逆算すると，通常のFMクリック音の音源音圧レベルは，200～220 dBと非常に大きく，バズ音はこれより20～30 dBほど小さかった。大きな音源音圧レベルのFMクリック音を，低い反復率（つまり長い発声間隔）で発すれば，送受信の混信を回避しながら遠くまで見通せる。餌生物が棲息する深い海で，まず遠距離の対象物を認知していたようだ。その後，獲物に近づいて捕獲するときには，音源音圧レベルは小さいが反復率が高いバズ音で，時々刻々と餌生物の位置を把握していると考えられた。アカボウクジラやコブハクジラは2種類の音を使い分けて，遠近両方の対象の探索にうまく適応しているのだろう。ほとんどのバズ音は400～1 300 mの深さで記録されており，彼らが中深層の餌を狙って食べていることが，発声行動からも裏付けられた。

アカボウクジラ科のハクジラは，外洋に生息し深海で摂餌するためこれまでに生態がほとんどわかっていなかった。しかし，バイオロギング手法の適用により，彼らの音響探索行動は鯨類のなかでも最もよくわかっているものの一つになった。ほかにも，コブハクジラが餌に応じて出す音を変えたり[13]，旋回遊泳をしながら餌の捕獲に挑んだりする様子が紹介されている。2008年までのDTAGの研究成果は文献14）に，アカボウクジラ科にDTAGを装着した研究は文献12）によくまとめられている。

マッコウクジラは，表層近くでコーダ（coda）と呼ばれるコミュニケーション音を発する。コーダ音は，パルス間隔の並び方が海域によって異なるため，個体群の識別に用いられていると考えられている。この音は，金属の皿を叩いたような，とても生物が出す音とは思えない機械的な音である。マッコウクジラのような大型生物のイメージとはずいぶん異なる甲高いパルス音である。マッコウクジラは潜水を始めてから200 m以深になるとエコーロケーション音を発して餌探索を開始する。クリック音は，1秒程度の間隔で発せられ，水深約500 m付近からはその間隔が0.5秒にまで短くなる。その後はアカボウクジラなどと同じように，摂餌直前になると反復率が高く音圧が小さい探索音を発する。この音はアカボウクジラ科のクジラの場合バズ音と呼ばれるが，マッコウクジラの場合はクリーク（creak）と呼ばれている。名前は違えど，潜水の降下中や浮上中ではなく深海部で摂餌の際に発せられる点は，先のアカボウクジラの例と似ている。

通常，深海では高い水圧のため肺がしぼむ。ハクジラは音源を空気でふるわせてエコーロケーション音を発しているので，深度により圧力の影響が出ると予想される。しかし，マッコウクジラが出す音は約700 mの深海においても音圧，周波数ともに変化がなく，水圧に影響されなかった[15]。使っている空気は理論上もとの体積の2％以下に圧縮されていると考えられるので，私たちがまだ発見できていない高圧高密度の少ない空気をうまく使う仕組みがあるに違いない。

なお，高緯度水域で実施されたマッコウクジラの鳴き声に関する別の研究では，コーダ，通常のクリック音に加えてスロークリック音という第三の鳴き声を発するという報告もある[16]。このスロークリック音は，反復率が低い。音圧レベルは通常クリック音の220～236 dB[17]に比べて175～190 dBと小さく，周波数，指向性ともに低く，継続時間が0.5～10秒と長い。60 km先まで伝搬可能なため，スロークリック音は長距離コミュニケーションに使用されている可能性が指摘されている。

ゴンドウクジラの類であるコビレゴンドウも，予想されたとおりアカボウクジラ，コブハクジラに似た発声行動であった[18]。ただ，コビレゴンドウの行動には昼夜で大きく差があり，日中の潜水のほうがより深く，バズ音の数が少なかった。日中の深い潜水行動をよく調べてみると，バズ音を発する直前に遊泳スピードを9 m/秒まで上げて“ダッシュ”していることがあった。深海で獲物に逃げられそうになって追いかけているものと考えられた。

また，Jensenら[19]はコビレゴンドウの出すコミュニケーション音をより詳細に調べ，高い社会性をもち，群れで行動する種が深海で摂餌をする際どのようにコミュニケーションをとっているのかを明らかにしている。DTAGを装着したコビレゴンドウは，最大800 mの深度でもコミュニケーション音を発して群れ内で連絡を取り合っていた。この音は滞在深度とともに音圧と持続時間が減少し，一方で周波数特性は深度の影響を受けなかった。深いところでは圧力によって肺が圧縮され，発声に使える空気量が制限されるため，音圧が小さくなったと考えられる。しかし，コミュニケーション音の周波数情報は変化させなかった。これは深海で群や種を識別するのに役立っているのかもしれない。

コラム7

音圧の表し方

音圧の表し方も一つではない。これが明示されていないと，専門家であっても混乱する要因となる。

波形のいちばん上からいちばん下までの音圧の差分を測るのが直感的にはわかりやすい。この測り方は頂から頂まで（peak to peak あるいは p-p）の幅であり，イルカのクリック音の計測によく使われる。イルカのクリック音は 1 波ごとに形が変わり，どこが典型的な音圧変化なのかわかりにくい。そこで最大の振幅をとっている。ところが，一般的には音圧は実効値（root mean square または rms）で表記される。これは，圧力の自乗つまりエネルギーの単位時間当りの積分値を平均したもので，波形がサインカーブであれば peak to peak に比べると −9 dB 異なる。つまり，基準値を 1 μPa にとった同じ連続音でも 180 dB re 1 μPa peak to peak の音圧レベルは実効値では 171 dB re 1 μPa rms と表記される。連続音の場合には，実効値のほうが受信する者が感じる音の大きさに近い。

音源音圧レベルは，音源から仮想的に 1 m の距離で測った音圧レベルのことである。実際は音源となるクジラや船からちょうど 1 m のところで音を測定することは難しいので，受信点から音源までの音の伝搬を逆算し，1 m の距離で測った場合の値に換算する。単位は音圧レベルと同じだが dB re 1 μPa @ 1 m と明示することもある。

音圧の自乗の積分値に曝露時間の重みを掛けたものが音曝露レベル（sound exposure level）で実効値音圧レベルに曝露時間（秒）の常用対数の 10 倍を足したものである。音圧レベルが一定であれば，音曝露レベルは単純に音圧レベルに時間を掛ければよい。単位は dB re 1 $\mu Pa^2 \cdot s$ である。同じ大きさであっても周波数によって人間の聴覚の感度が異なる。そこで同じ値であれば同じ大きさに聞こえるように聴覚感度を用いて補正したものをホン（phon）という。

こうしたややこしい事情は，現実の問題に対しては意味がある。例えばピーク値で測るべき杭打ち音と，連続音の性質をもつ船舶騒音では，海生哺乳類に対する評価基準が異なっている。つまりpeak to peakかrmsかそれぞれ適切な計測方法を選ばなければならない。影響指標として使う場合は，実効値（rms）を時間も含めて曝露レベルに直してやる。また，種類によって聴覚感度曲線が異なるため，これも考慮に入れて騒音影響評価をせよというのはアメリカのNOAA（National Oceanic and Atmospheric Administration, 海洋大気庁）が打ち出した基準だ。人間に適用されてきた騒音環境基準が，水中にも適用されはじめている。

じつは筆者もよく使っている参考書がある。複雑な音の表記をコンパクトに整理したおすすめの無料ブックレット†[20]である。

2.2.2 摂餌時に鳴くのはヒゲクジラも同じ？

これまでに調べられたすべてのハクジラは，クリック音を発する[2]。大型ハクジラも小型ハクジラであるイルカ類もともにエコーロケーションにクリック音を用いている。では，ハクジラ以外の海生哺乳類はどうだろうか？鰭脚類では現時点でエコーロケーション能力が確認されていないことは第1章で述べた。ヒゲクジラ類では，タイセイヨウセミクジラが広帯域の短い音を発することが知られている[21]。ガンショット音と呼ばれるこの鳴き声は，周波数帯域が20 Hz～20 kHzで，水面で複数個体が交尾行動をしているときに観察される。発するのは配偶者のいない雄たちで，社会行動やコミュニケーションに使われているようである。過去に，ミンククジラも一時的にクリック音を発するとか[22]，ザトウクジラが広帯域のクリック音を発するという報告[23]があった。しかしこれらの音は，ヒゲクジラが摂餌のときに餌を濾し取るヒゲがガタガタ鳴って生じている可能性もあり，ハクジラ以外の海生哺乳類（ヒゲクジラ，アシカやアザラシなどの鰭脚類，ジュゴンやマナティーなどの海牛類）が摂餌に伴って探索用の広帯域のクリック音を発するか，はっきりとわかっていなかった。

ザトウクジラは音響的に活発な種で，さまざまなタイプの鳴き声を発する。

---

† Underwater Acoustics: Noise and the Effects on Marine Mammals A Pocket Handbook 3rd Edition（C. Erbe, JASCO）
http://oalib.hlsresearch.com/PocketBook%203rd%20ed.pdf

冬に低緯度の暖かい海で繁殖行動に伴ってソングを発することは第1章で述べたとおりだが，夏になって回遊していく高緯度の冷たく生物生産力が高い水域で摂餌をする際の音に関しては記載が少なかった。そこで，Stimpert ら[24]は，北大西洋に生息するザトウクジラの摂餌中の発声行動を調べるため，カナダのメイン湾で9頭のザトウクジラにDTAGを装着した。

その結果，9頭のうち2頭からいままで報告されていなかった音が確認された。新しく発見された一連の広帯域多重クリック音はザトウクジラの学名（*Megaptera novaeangliae*）をもじってメガプクリック音（megapclicks）と名付けられた。この音は800 Hzと1 700 Hzにピークをもつ比較的小さめの音であり，音響特性が一貫していたため，記録されたすべての鳴き声がDTAG装着個体のものと考えられた。メガプクリック音を構成するパルス列の終わりには反復率が高くなることがあった。これはハクジラが摂餌の最終フェーズで発する発声間隔が非常に短いバズ音と似ている。メガプクリック音はすべて夜間に記録されており，おおむね潜水中の最も深い深度帯を遊泳しているときに起こっていた。発声時の平均深度は調査水域の最大深度に近かった。短い発声間隔で終わるときはすべて100～200°の急な身体の回転が伴っており，短い発声間隔を伴わない場合は大きな体のひねりは記録されなかった。大きな回転は，水面に餌を追い立てて突進する際に観察される行動と類似していた。ここまでをまとめると，メガプクリック音はバズ音のように餌の捕獲に関係している可能性が示唆される。

しかし，この研究で録音されたメガプクリック音は，摂餌時につねに発声されるわけではないようである。ハクジラ類のエコーロケーション音と比べると振幅と周波数がかなり低く持続時間が長いため，探索用の役割は限定的とも考えられる。以上から，摂餌時に発せられるメガプクリック音の機能として以下の二つの仮説が立てられている。

仮説①　おおざっぱな音響検知

仮説②　餌生物のコントロール

仮説①は，海底や仲間のクジラなど大きなターゲットの位置をおおまかに音で識別，把握してから突進摂餌に入るというものである。仮説②は，音を用いて餌生物の行動を制御し，願わくば食べやすくひとまとまりにするという考えである。水中で泡を出しながら餌生物に衝撃を与える[25]とか，イルカ類などが餌生物に衝撃を与える手段の一つとして音を用いているのではないかという仮説[26]と同じ考え方である。メガプクリック音を発したザトウクジラ2個体は，タイセイヨウニシンが優占する水域でタグが装着された。ハンドウイルカで推測されているように[27]，ザトウクジラも水中でニシンの行動を操るためにこの音を発したのかもしれない。ヒゲクジラのパルス性の鳴き声の機能についてはまだ確定されていないが，Stimpert ら[24]の発見は摂餌場所でのザトウクジラの行動の理解を深め，一般的なヒゲクジラの発声機能やレパートリー解明につながるものである。

2.2.3 ネズミイルカの音響探索行動

深海まで潜水をした後水面で休息をとる大型のクジラに比べて，すばしこく体の小さいイルカ類へのバイオロギングは，ずっと難しい。DTAGを用いた小型鯨類のバイオロギング研究は，デンマークのチームによって，海上プールで飼育する個体を使って精力的に実験が行われた。

Wisniewska ら[28]は，ネズミイルカにDTAGを装着し，対象物に対して，イルカがどのようにソナーの照準を合わせるかを調べている。材質が異なる5個の球（アルミニウム，アクリルガラス，ポリ塩化ビニル，真ちゅう，ステンレス）を用意し，アルミの球を選ぶよう訓練したイルカをプールに放し，球を選ぶ様子を定点水中マイクロホンとビデオ，イルカに付けたDTAGで観察した。その結果，ネズミイルカは，10～15秒ほどかけてターゲットを約8回音響的にスキャンすれば，物体を識別可能であった。ただし，実験の間しばらく時間をおいてしまうと識別に長く時間がかかった。また，反射音の音響特性が異なる物体だと正解率が高いが，選ぶべきアルミニウムと音響特性が似た物体だと誤判断率が高くなった。

ターゲットを選択するときはまず大きい音を出して広範囲を調べ，ターゲットを決めたら，音圧が低く発声間隔が短い音を使って範囲を限定しそのぶん精度を上げていると考えられた。さらに，頭や体軸を動かし，ターゲット照準音と非ターゲット照準音を頻繁に切り替えていた。イルカ類のエコーロケーションは，人間のイメージする聴覚よりも視覚や触角に近く，ターゲットに焦点を合わせて音響的に物体を“見たり触ったりする”ときは，発する音を複雑に調整していた。

2.3 大型ヒゲクジラの行動観察で活躍する Acousonde

DTAG のほかに大型のクジラに適用されてきた音響記録計として，Acousonde がある（**図 2.6**）。旧名 bioacoustic probe で，かつては略称で B-probe と呼ばれていた。2001 年に作成されてから，2008 年までに 43 個の B-probe が開発された。B-probe は，圧力，水温に加え，20 kHz のサンプリング周波数，16 ビットで音を記録する。長さ 33 cm，直径 6 cm の円筒形で，2003 年以降は 2 軸の加速度も記録可能となった。

また，大型鯨類だけでなく，キタオットセイ，マナティーなどの研究に使用され，生物装着記録計としてだけでなく，定点式の音響観測やグライダーを用

バイオロギング装置はハイテク製品だが，こと装着方法に関してはアナログな職人技が求められる（提供：B. Burgess）。

図 2.6 Acousonde の装着の様子

いた移動式観測にも使われた。しかし，録音可能周波数帯域が狭く，赤外線によるデータ転送が遅い点に問題があった。特に周波数上限の低さは，ハクジラのエコーロケーション音の正確な録音を阻んでいた。そこで2006年からB-probeの再設計が始まり，2009年にはAcousondeと名付けられた新型機が完成している。

B-probeを使用した例に，Olesonら[29]のシロナガスクジラの観察例がある。この研究では，B-probeだけでなく，DTAG, Crittercamといった装着型記録機が38個体のシロナガスクジラに取り付けた。全体の3分の1の個体が発声し，4パターンの鳴き声が記録された。うち三つには名前が付いており，低周波パルス音（Aコール），低周波の狭帯域音（Bコール），下降周波数変調のDコールである。雄のみが単独でいるときに記録されたのは，繰り返し発せられるソングの構造を伴ったAコールと，Bコールであった。ソング構造にならない単独のAコールやBコールは，雄雌がペアになっているときや浅瀬を移動遊泳している場合に出されていた。Dコールは，性別の関係なく摂餌中に発せられるようで，集団を形成する個体が鳴くことが多いようであった。AコールとBコールは季節に関係なく確認されたが，雄のみが発声することから繁殖に関連している可能性が高い。

コラム8

クジラに吸盤で録音機を付ける

バイオロギングの論文ではたった2～3行で「生物の背中に録音機を取り付けた」と書いてあるが，実際のところはそれほど簡単ではない。

アイスランドの知り合いの誘いで，ザトウクジラへのバイオロギングのチャンスがめぐってきた。時期は6月。アイスランド北部のスキャルファンディー湾で餌を食べるため，いろいろなクジラがやってくる。これを一緒に調査しようというのである。

録音機を取り付けるには，クジラに手が届くほど十分に接近しなければならない。そんな神業を専門としているフィールドワーカーがデンマークにいる。彼の操る高速コムボートであれば，クジラの背中の真横まで接近できるという。しかも彼が開発したカーボンファイバーの棒に吸盤と録音機を装着すれば，ペタッと付いた後に見事に録音機本体だけがクジラに残る。

いざ，海へ。ドライスーツを着込んで，2 隻のボートを連ねクジラを探す。クジラの噴気は数 km 先からでも見えるが，実際にそこにたどり着くまでには時間がかかる。最初のチャンスはスルーである。クジラは 2 ～ 3 回呼吸すると，つぎはだいたい 10 分くらい潜ってしまう。その間にできるだけ先ほどの浮上ポイントまで近づいておかなければならない。クジラが浮上したと思われる場所で待機しながら周辺に目を配る。

噴気が上がる。7 時方向 400 m。あと 1 回，運がよければ 2 回，立て続けに呼吸するはずである。しかし急ぎすぎるとクジラを驚かして深く潜ってしまうので，ゆっくりと船を近づける。デンマークの彼には水中のクジラの動きが見えているようだ。だいたいどの方向にいつごろ浮上するか，先読みしてそろりそろりと船を進める。

2 回目の噴気が上がる。距離 200 m。左舷 10 時方向。スピードを上げて近づく。接近は必ずクジラの右側からである。装置を付ける人の利き手や操船の都合で，あらかじめそう決めてある。噴気が上がってから潜ってしまうまではんの 10 秒程度。これはパスする。3 回目を期待して待つ。ゴムボートの舳先の下に黒い大きな物体が見える。それがだんだん水面に近づいてきた。デンマーク人は慎重に船をクジラの右後ろに付けている。ブフォーという噴気の直後にエンジンスロットルがふかされる。私はカーボンファイバーの棒の先をクジラに向け，装着姿勢をとる。まだだ。あと 2 秒。背中を出すのを待て！ Go! という叫びとともに私は渾身の力で棒を振り下ろす。クジラの皮膚に吸盤が当たる感触。直後に尾びれをひと振りして装置ごと海中に消えていく。成功か？

すぐさま VHF 受信機を取り出し，電波傍受を試みる。1 分後，ピッピッピッという規則正しい音が聞こえてきた。装置に取り付けてある目印の電波標識である。しかも，その音は鳴り止まない。ということは，装置は浮いていて，すでにクジラから外れてしまっている。吸盤の当たる角度がわずかにずれたか。

ま，気にしない。まだ調査は始まったばかり。まだ 2 週間はある。天気がよい日はこのうち半分くらいだろう。こうしたチャンスが 1 日 2 回あったとして，だいたい十数回の装着機会があるはずだ。今日は海上に 9 時間。もうそろそろ体力も尽きてきた。帰港して夕食とアイスランドビールで英気を養おう。クジラに録音機を取り付ける作業は，楽しい。

2.4 イルカのソナー音計測に特化した和製ロガー A-tag

これまでに紹介した音響データロガーは，無圧縮で音声をそのまま記録する。しかし，イルカ類のクリック音はスペクトルのピーク周波数が 150 kHz に達することがあり[30]，高周波音を連続的に録音するためには理論的には 300 kHz 以上のサンプリング周波数が必要で，非常に大きな記録容量が要求される。また，イルカの超音波ソナーの波形は，同じ種のなかではよく似通っている[2]。イルカのソナー行動を研究したい場合，送信波形の記録は本質的なものではない。音圧や発射間隔が，推定探索距離や探索努力量といった重要な行動情報を提供する。

つまり，イルカの水中での音響行動を観測するために必要最小限の装置とは

① 長時間録音のために超音波パルスをイベントとして時刻と音圧を記録すること，

② 音源の方位（鳴いている個体）を特定するため，複数チャンネルの水中マイクロホンを装備すること，

③ イルカの通常行動を妨害しないほど十分に小型であること，

の 3 点を満たす必要があった。このような経緯でイルカ類専用の音響データロガー A-tag が開発された（**図 2.7**）[31]。

A-tag は，イルカの発する超音波パルスの音圧と受信タイミング（時刻）および音源方向を記録し，波形や周波数情報は記録しない。音源方向は，二つの水中マイクロホンへの音波の到達時間差を装置内部で計測して記録する。これは通常の録音装置とはずいぶん異なる仕組みである。生物への装着には，吸盤と浮力体が組み合わされ，記録計の回収のために電波発信器が取り付けられる。吸盤の自然脱落後，装置全体は浮力体により水面に浮上するため，アンテナを使って電波をたよりに回収される。

解析には，現在 Igor Pro（Wavemetrics 社製）という時系列解析ソフト上でオフラインで雑音を低減するプログラムが公開されている†。本節では，

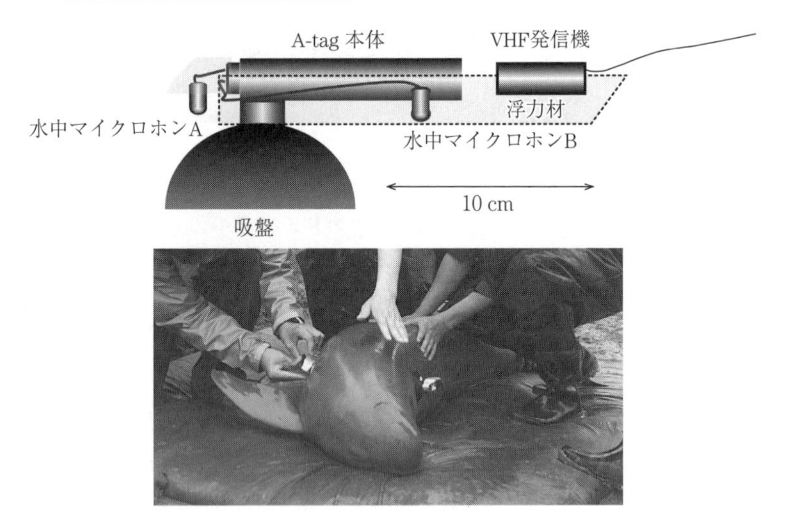

体の反対側に付いているのは，行動計測用の別のデータロガー。

図 2.7　装着型 A-tag の構成とスナメリへの吸盤での装着風景

A-tag によるバイオロギング研究によって明らかになった小型イルカの音響行動について紹介していく。

2.4.1　スナメリの音響探索行動

海に生息する生物たちのなかには，川を遡り淡水に特化するように進化した種もいる。例えば，中国。広大なこの国には川にイルカがいる。有名なのは第1章のコラムで触れたヨウスコウカワイルカ（別名バイジー）であるが，これは2006年に実施された揚子江（ようすこう）全域調査の結果，絶滅が強く示唆された[32]。しかし同じ揚子江に，いまでももう一種ヨウスコウスナメリという小型のイルカが生息している。これは日本の沿岸にもいるスナメリの亜種で，背びれがなくのっぺりとしていて，小さく，とても見つけにくいイルカである。

中国湖北省の揚子江に接する旧流の三日月湖で，ヨウスコウスナメリへの音響バイオロギングが試みられた。この湖は，長さ21 km，幅1～2 km，最大

---

† 詳細は，株式会社 MMT のホームページを参照（http://mmtcorp.co.jp/A-tag/）。

水深約 40 m で，1990 年より保護と研究のため延べ 50 頭以上の野生のスナメリがこの湖に導入された。もともと揚子江の本流であったところなので，野生の生息地と似た特徴をもっており，半自然保護区と呼ばれている。保護区のスナメリは人間に餌を与えられなくとも湖の魚を食べ，自然繁殖も確認されている。小さな湖であるが，そのなかで食う食われるの関係が持続できる生態系が構成されている。

2003 年 10 月，保護区においてバイオロギング研究のため 9 頭のスナメリが捕獲された。18 隻の船が横に並んで下流側から上流側へスナメリを追い，待ち受ける巻き網でイルカを囲い，これを絞っていって最終段階では人間が水中に飛び込んで 1 頭ずつ確保した。捕獲されたスナメリは安静のため 24 時間生け簀（す）のなかに放流され，その後右側の胴体に音響ロガーを，左側に行動を記録できるロガーを装着し（図 2.7），湖に放たれた。

A-tag を装着して放流した 9 頭のうち，8 頭からデータを得た。これは，自由遊泳する野外のイルカ類の，水中での体の動きとソナー行動を記録した世界初のデータであった。ロガーは吸盤で装着してあり自然に脱落するため，音響と行動データが両方記録できた時間は個体によって 1 ～ 35 時間（平均 8.75 時間）とばらつきがあった。それでも，合計で 242.5 万パルスと約 5 万個のクリック音，約 5 000 回の潜水を記録していた。クリック音の切れ目は，200 ミリ秒と定義し（コラム 9 参照），これ以上間隔があいている場合，つぎの音は別のクリック音に属すとして計算した（**図 2.8**）。

スナメリは，約 5 秒に 1 回クリック音を発していた[34)]。クリック音とクリック音の間は無音時間があり，時には 10 秒以上無音状態が継続した。しかし，その間も遊泳速度は平均で毎秒 0.89 m，毎秒 3 m の速度で泳ぐこともあった。音響探索をしない無音時間はまわりが見えないので，10 秒も音を発しなければ 9 m も進んでしまう。何かにぶつかってしまわないだろうか？

クリック音内のパルス間隔は，音響探索距離に比例すると考えられている[35)]。パルス間隔から推定した音響探索距離と，ソナーを使わずに遊ぐ距離を比較したところ，前者のほうが十分に長かった。これはつまり，十分に長い距

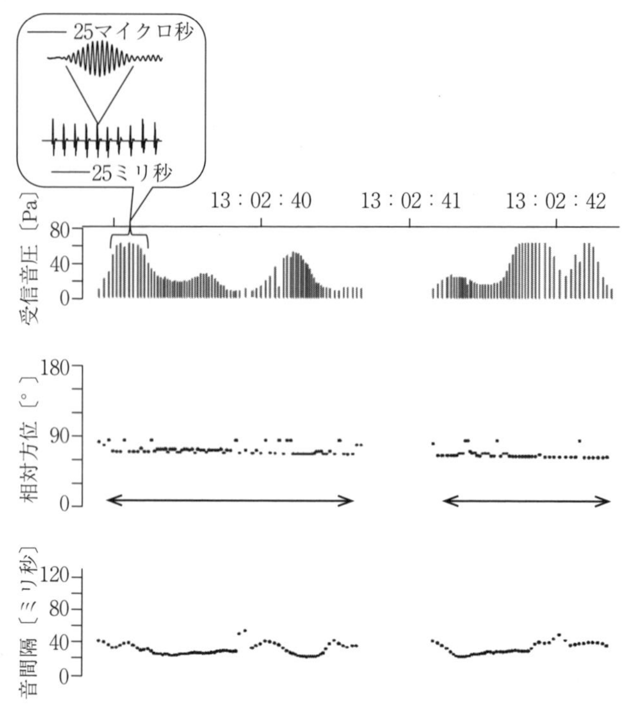

クリック音はパルス音の列からなっている。本書では，1回の発声をひとかたまりのパルス列と定義し，発声の切れ目を200ミリ秒とした。これは便宜上の定義であるが，イルカのクリック音のほとんどのパルス間隔は200ミリ秒を超えない。

図2.8　クリック音の構造（文献33）を改変）

離を事前に音響的に探索し，無音で泳ぐときはすでに自分が調べた安全な範囲だけということを示している（**図2.9**）。

後になって，デンマークにおいて，スナメリに近縁のネズミイルカについてもA-tagを用いた音響バイオロギングが行われたが，こちらは約12秒に一度ソナーを発していた[36]。両種とも90％の確率で20秒以内にソナーを発するが，ネズミイルカのほうがより長くソナー間隔をとるようだ。装置の検出音圧閾値148 dBを下回る小さな音も出していると考えられるため，実際にはこれよりさらに頻繁に音を出しているのだろう。

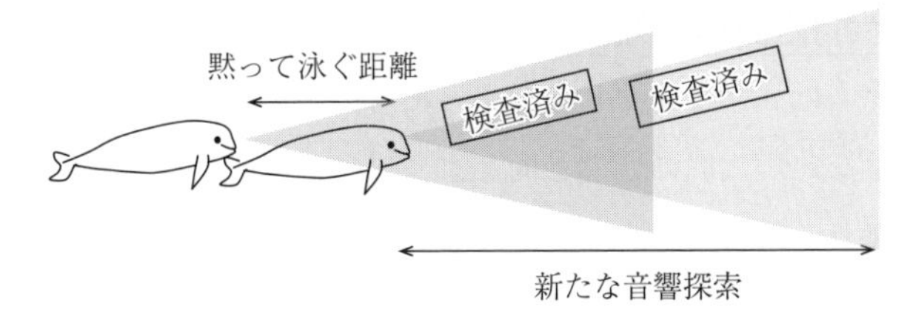

スナメリはあらかじめ音響的に探索した範囲を抜け出る前に，つぎのエコーロケーションを行い，前方の安全を確保している。

図 2.9　スナメリの音響探索行動

コラム 9

声 1 回の数え方

動物音声の研究を行っていると，困ることがある。動物が実際のところその声をどのように聞いて解釈しているのかはなかなかわからないので，一つの声を定義するのが難しい。

音響探索に使われるクリック音は多数のパルス音の連なりである。例えばパルス音の連なりが 1 回発せられたというのは，ハクジラが 1 回音響探索を行ったというふうに解釈されている（図 2.8）。

ソナー行動の解析は，ひとかたまりのパルス列ごとにまとめて行うことが多い。しかし，本文の図 2.8 に示されているように，クリック音には多くのパルス音が含まれているので，切れ目の選択には任意性がある。例えば，Kimura ら[37] は，スナメリのクリック音に含まれるパルスとパルスの間の時間が 100 ミリ秒以上を切れ目と定義したところ，クリック音の発射間隔は 3 秒に一度と約半分の長さで発せられると計算された。この切れ目の時間を長くとればとるほど，異なった音声を一つの音声と見なしてしまう。逆に短すぎると，同じ音声を二つに分けてしまう。

要は解析の際に人間がどこで線を引くかの問題で，生物がこの数値を境目にしているかどうか本当のところはわからない。クリック音に含まれる個々のパルス音の間隔の出現頻度を描いてみて，ひとかたまりの音声が途切れない程度にしか起こらない間隔を便宜的に音声の切れ目としている。

一方，ザトウクジラのソングの場合，一つひとつのユニットの間には無音部分があり，声の切れ目は容易に区別できる。しかし，遠方で鳴いている場合，途中で声が小さくなり見掛け上，途切れているスペクトログラムが表示されることもある。人間の話し声も，音響的には単語の区切りで明確に分かれるわけではない。声を数えるのは案外難しい。

2.4.2 音響探索行動の個体差

音による探索は，たとえ同じ種であっても，どのイルカも同じように行っているわけではない。人間の個性と同じように，注意深いものもいれば，そうではない（つまり，あまりソナーを使わない）個体もいるだろう。大きな音で遠くまで調べる個体もいれば，小さな音で近くだけしか見ないイルカもいるに違いない。個体ごとの発声頻度のばらつきと平均値は，つぎの第3章で述べる受動的音響観測にとって重要であるにもかかわらず，これまでほとんど調べられてこなかった。

中国で実施されたスナメリの音響バイオロギング実験では2010年までに延べ38頭の個体記録が得られた。そのうち，7時間以上音響と遊泳行動のデータが得られた10個体（雌1，雄9）の行動を比較したところ，10分間の発声回数は0から290と非常に変動が大きかった[38]（図**2.10**）。クリック音の切れ目は，これまでの200ミリ秒以下の発声間隔ではなく，Kimuraら[37]の基準100ミリ秒を採用していたにもかかわらず，平均の発声間隔は6.3秒と長かった。99%以上の確率で1分以内にクリック音を発していることになる。

当初，体サイズの大きい個体ほど速く泳ぎ，たくさん音を発してより多くの餌を捕まえると予想した。しかし，予想に反して，クリック音発声頻度や，遊泳スピード，遊泳深度と体サイズの間に関係は見られなかった。装着時間が長い9個体で，昼夜の発声行動を比較したところ，2頭は夜間に多く発声し，1頭は昼間により発声していた。残りの6頭は昼夜差がなく，全体を通して見ても発声頻度に昼夜差はないと考えられた。

イルカ類は，つねに脳の一部が起きている半球睡眠をするため，昼夜を問わず行動し続ける[39]。濁度が高く浅い揚子江では，スナメリは昼夜を問わず音に強く依存して周囲の環境を認知しているのかもしれない。また，海洋で見られる餌生物の日周鉛直移動も，浅い淡水域では明瞭ではない。DTAGの研究で明らかになったような大型ハクジラの深海への摂餌潜水ではなく，浅い水深帯で比較的小さな餌を食べ続けている種ならではの発声行動ではないだろうか。

A-tagによる音響バイオロギング研究は，デンマークやアイスランドなどの

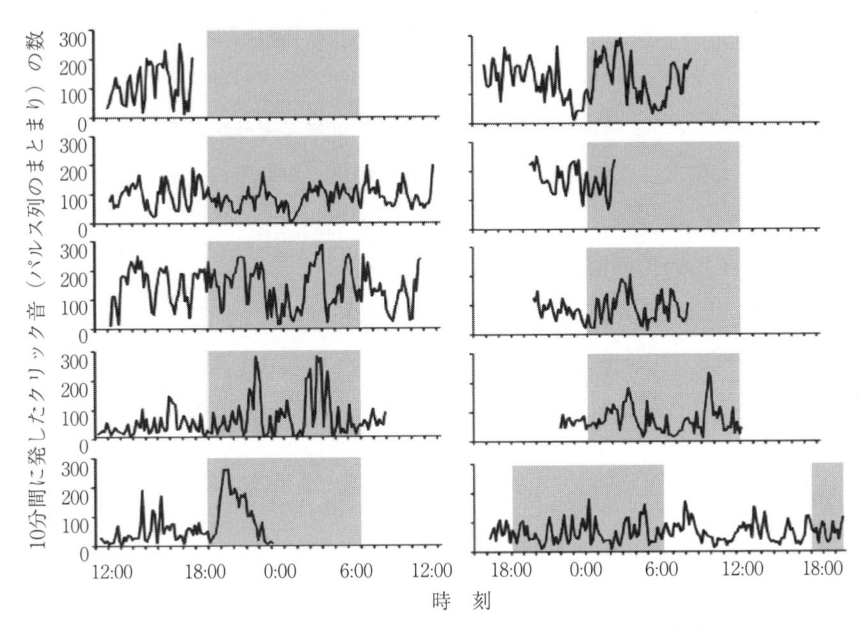

灰色部分は夜間を示す。特に昼夜差は認められず，変動は大きいがいつでも頻繁にクリック音を出していた。

図 2.10　10 頭のスナメリが発したクリック音数の変化[38)]

海域にも拡がり，スナメリ以外の種でもソナー行動の個体差が報告されている。

デンマークでは 2006 年と 2007 年に，ネズミイルカへの音響バイオロギングが試みられ，合計 3 個体（雌 2，雄 1）からデータを得ている[40)]。イルカの行動には非常にばらつきがあり，パルス音を 1 時間に 100 回未満しか発しないときもあれば，5 万回以上発するときもあった。潜水行動も，1 時間に 6 回しか潜らない個体がいる一方で，179 回も潜水を続ける個体もあった。個体ごとの特徴を見てみると，若い雄では発声頻度が昼間より夜間に高く，潜水頻度も夜間に高くなっていて，昼夜で行動に差があった。このとき GPS も同時に装着していたため，それぞれの個体の位置も計測されていた。明瞭な昼夜差を示したこの雄は沿岸に近い浅い砂泥で夜を過ごしており，このエリアでよく漁獲されるカレイの仲間の幼魚を食べていたのではないかと推察された。一方，雌では活動に昼夜差がなかったが，雄よりもクリック音の発声頻度が 3 倍高かった。

これまでにも，ネズミイルカは水深が浅い水域で比較的小さい音を，深い水域で大きい音を出すと報告があり，環境に合わせて発声行動を変化させることが推測されていた[41)]。しかし，バイオロギング研究で明らかになったように，環境による変化だけでなく，そもそも行動に個体差があるのかもしれない。

2.4.3　イルカの餌探索

バイオロギング手法では，音や深度だけでなく加速度も同時に計測することが多い。これにより，重力加速度方向に対する体の向きを調べられる。自由遊泳するスナメリに，A-tag と，深度・加速度・速度を記録できる行動記録計を装着したデータから，スナメリが体軸を中心にしばしば 60° 以上体を回転させながら泳いでいることが明らかになった[42)]。

クリック音は非常に指向性が強いが，音軸は必ずしもイルカの体の真正面というわけではない。ベルーガ，マイルカ，ハンドウイルカの仲間の音軸は仰角 5° でやや上方に向けて発射され[43)～45)]，ネズミイルカではほぼ水平[46),47)]，オキゴンドウやハナゴンドウではやや下向きと報告がある[48),49)]。ビーム幅は数度から十数度の幅しかないので，イルカはまさに少し上下に傾いたヘッドランプを付けたように，暗闇の一部を音で照らしている。逆に，照らされた範囲外はよく見えないだろう。スナメリのクリック音は，ビーム軸から外れたサイドローブ（軸上でない部分）でもそれなりの音圧レベルがあり，数 m の範囲であれば魚などを検知できると予想されているが[50)]，やはり長距離の探索には音軸上の強力なビームを使うほうが遠くまで見える。探すべき餌はどこにあるか予想がつかないため，できるだけ広い範囲を探索したほうが有利であろう。A-tag と行動記録計を組み合わせたバイオロギング研究により，スナメリは身体を回転させて音のサーチライトを振り，探索範囲を拡げていることが示唆された。

体を 60° 以上回転して泳いでいたのは観察時間全体の 31％で，その間は通常遊泳時より探索努力量が多く，なかでも餌取り用の近距離クリック音（発射間隔の短いバズ音のような音）は通常遊泳時の約 4 倍もの頻度で発していた。スナメリのビーム軸の傾きは直接的には調べられていないが，近縁種のネズミイルカでは，ビームはほぼ水平と報告がある[46),47)]。また，仰向けで遊泳する際に水面反射音をほとんど受信していないことから，少なくとも下方（腹側）はソナーの強度が弱くなっている可能性が示されている[50)]。もちろん首を振ることでも音のヘッドランプの方向を変えられるが，実際に頭を動かしていたのは ± 2 cm のみで，回転・非回転どちらのタイプの潜水にも認められた。頭振りはいつでもできる脇見のようなものらしい。餌をとるためには体を回転させてビームの軸方向をターゲットに向けていたほうが，餌に向かって素早く近づけ

コラム10

むしゃむしゃ音

音で観測できるのは，生物が意図的に出すものだけではない。うっかり出てしまう音もあり，これが意外に役に立つ。Kikuchi ら[51)]の研究では，マナティーの尾びれ付け根に柔らかいプラスチックのベルトを使って録音機を装着し，水草を咀嚼する音を録音することで摂餌イベントの抽出を試みている（図）。彼らの研究チームは，ブラジルのマナウスにあるアマゾン国立研究所で，保護飼育されているウェストインディアンマナティー１個体とアマゾンマナティー４個体に５種類の異なる水草を与えた。摂餌音は昼間も夜も記録されたが，夜のほうが活動度は低く，咀嚼もゆっくりであった。マナティーがむしゃむしゃと食べる周期は，水草の種類，個体ごとに差があるものの，音響手法はマナティーの摂餌生態を解明するのに有効な手段となるだろう。

（a）AUSOMS-mimi とマナティー

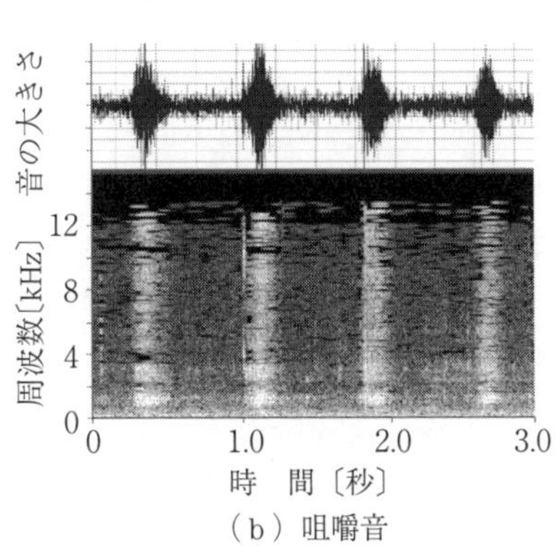

（b）咀嚼音

図 アマゾンマナティーの尾びれに取り付けた（a）AUSOMS-mini と（b）水草を食(は)む咀嚼音

るのだろう。

これに対して，ガンジスカワイルカはほぼ連続的にエコーロケーションを行う際，姿勢を変えて横泳ぎをする[52]。また，DTAGを装着した実験から，イッカクは潜降する際に80%という高い確率で仰向けになることがわかっている[53]。イッカクと近縁のベルーガでは5°上方にビームが傾いているため，上下逆さまに潜降して，より広い範囲の環境を認知しているのかもしれない。長い牙（きば）をもつイッカクは，身体を回転させることで牙を海底に向けて底性の餌生物を威嚇し，口のなかへシャベルのように餌を誘導する可能性もあるかもしれない[53]。一方で，マッコウクジラなどは潜降中に非常に強力なソナーを発射し，広い範囲の水中を探査する（2.2.1項参照）。音圧の工夫をすることで豊富な餌の群れを遠方から発見でき，深海でうろつき回って探索する時間を減らしていると考えられている[54]。バイオロギング研究によって，ハクジラの仲間が，それぞれの生息環境や餌環境に合わせて巧みにソナーを使っている様子が明らかになってきた。

引用・参考文献

1） 日本バイオロギング研究会 編：バイオロギング2動物たちの知られざる世界を探る，京都通信社（2016）
2） Au, W. W. L.：The sonar of dolphins, Springer（1993）
3） Johnson, M. P., and P. L. Tyack：A digital acoustic recording tag for measuring the response of wild marine mammals to sound, IEEE journal of oceanic engineering, **28**, 1, pp. 3-12（2003）
4） Madsen, P. T., et al.：Biosonar performance of foraging beaked whales（*Mesoplodon densirostris*）, Journal of Experimental Biology, **208**, 2, pp. 181-194（2005）
5） Zimmer, W. M. X., et al.：Echolocation clicks of free-ranging Cuvier's beaked whales（*Ziphius cavirostris*）, The Journal of the Acoustical Society of America, **117**, 6, pp. 3919-3927（2005）
6） Johnson, M., et al.：Foraging Blainville's beaked whales（*Mesoplodon densirostris*）produce distinct click types matched to different phases of echolocation, Journal

of Experimental Biology, **209**, 24, pp. 5038–5050 (2006)

7) Tyack, P. L., et al. : Extreme diving of beaked whales, Journal of Experimental Biology, **209**, 21, pp. 4238–4253 (2006)

8) Madsen, P. T., et al. : Sperm whale sound production studied with ultrasound time/depth-recording tags, Journal of Experimental Biology, **205**, 13, pp. 1899–1906 (2002)

9) Miller, P. J. O., M. P. Johnson, and P. L. Tyack : Sperm whale behaviour indicates the use of echolocation click buzzes 'creaks' in prey capture, Proceedings of the Royal Society of London B: Biological, Sciences, **271**, 1554, pp. 2239–2247 (2004)

10) Watwood, S. L., et al. : Deep - diving foraging behaviour of sperm whales (*Physeter macrocephalus*), Journal of Animal Ecology, **75**, 3, pp. 814–825 (2006)

11) Aguilar de Soto, N., et al. : Cheetahs of the deep sea: deep foraging sprints in short-finned pilot whales off Tenerife (Canary Islands), Journal of Animal Ecology, **77**, 5, pp. 936–947 (2008)

12) Madsen, P. T., et al. : Echolocation in Blainville's beaked whales (*Mesoplodon densirostris*), Journal of Comparative Physiology, **A 199**, 6 pp. 451–469 (2013)

13) Johnson, M., et al. : Echolocation behaviour adapted to prey in foraging Blainville's beaked whale (*Mesoplodon densirostris*), Proceedings of the Royal Society of London B: Biological Sciences, **275**, 1631, pp. 133–139 (2008)

14) Johnson, M., de and P. T. Madsen : Studying the behaviour and sensory ecology of marine mammals using acoustic recording tags: a review, Marine Ecology Progress Series, **395**, pp. 55–73 (2009)

15) Madsen, P. T., et al. : Sperm whale sound production studied with ultrasound time/depth-recording tags, Journal of Experimental Biology, **205**, 13, pp. 1899–1906 (2002)

16) Madsen, P., M. Wahlberg, and B. Møhl : Male sperm whale (*Physeter macrocephalus*) acoustics in a high-latitude habitat: implications for echolocation and communication, Behavioral Ecology and Sociobiology, **53**, 1, pp. 31–41 (2002)

17) Møhl, B., et al. : The monopulsed nature of sperm whale clicks. The Journal of the Acoustical Society of America, **114**, 2, pp. 1143–1154 (2003)

18) Aguilar de Soto, N., et al. : Cheetahs of the deep sea: deep foraging sprints in short-finned pilot whales off Tenerife (Canary Islands), Journal of Animal Ecology, **77**, 5, pp. 936–947 (2008)

19) Jensen, F. H., et al. : Calling under pressure: short-finned pilot whales make social

calls during deep foraging dives, Proceedings of the Royal Society of London B: Biological Sciences, **278**, pp. 3017-3025 (2011)

20) Erbe, C. : Underwater acoustics, noise and the effects on marine mammals, Brisbane: JASCO Applied Sciences (2011)

21) Parks, S. E., et al. : The gunshot sound produced by male North Atlantic right whales (*Eubalaena glacialis*) and its potential function in reproductive advertisement, Marine Mammal Science, **21**, 3, pp. 458-475 (2005)

22) Beamish, P., and E. Mitchell : Short pulse length audio frequency sounds recorded in the presence of a minke whale (*Balaenoptera acutorostrata*), Deep Sea Research and Oceanographic Abstracts, **20**, 4, Elsevier (1973)

23) Thompson, P. O., W. C. Cummings, and S. J. Ha : Sounds, source levels, and associated behavior of humpback whales, Southeast Alaska, The Journal of the Acoustical Society of America, **80**, 3, pp. 735-740 (1986)

24) Stimpert, A. K., et al. : 'Megapclicks' : acoustic click trains and buzzes produced during night-time foraging of humpback whales (*Megaptera novaeangliae*), Biology Letters, **3**, 5, pp. 467-470 (2007)

25) Hain, et al. : Feeding behavior of the humpback whale, *Megaptera novaeangliae*, in the western North Atlantic, Fishery Bulletin, **80**, 2, pp. 259-268 (1982)

26) Norris, K. S., and B. Mohl : Can odontocetes debilitate prey with sound?, The American Naturalist, **122**, 1, pp. 85-104 (1983)

27) Nowacek, D. P. : Acoustic ecology of foraging bottle- nose dolphins (*Tursiops truncatus*), habitat-specific use of three sound types, Marine Mammal Science, **21**, 4, pp. 587-602 (2005)

28) Wisniewska, D. M., et al. : Acoustic gaze adjustments during active target selection in echolocating porpoises, Journal of Experimental Biology, **215**, 24, pp. 4358-4373 (2012)

29) Oleson, E. M., et al. : Behavioral context of call production by eastern North Pacific blue whales, Marine Ecology progress series, **330**, pp. 269-284 (2007)

30) Richardson, W.J., C.R. Greene, Jr., C.I. Malme, and D.H. Thomson : Marine mammals and noise, San Diego, New York, Boston, Academic Press (1995)

31) Akamatsu, T., et al. : New stereo acoustic data logger for free-ranging dolphins and porpoises, Marine Technology Society Journal, **39**, 2, pp. 3-9 (2005)

32) Turvey, S. T., et al. : First human-caused extinction of a cetacean species?, Biology Letters, **3**, 5, pp. 537-540 (2007)

33)　木村里子，赤松友成，村元宏行：洋上風力発電が海洋生態系に及ぼす影響の評価手法，小型鯨類の音響調査について，海洋理工学会誌，**21**, 2, pp. 31-35 (2015)

34)　Akamatsu, T., et al.：Biosonar behaviour of free-ranging porpoises, Proceedings of the Royal Society of London B：Biological Sciences, **272**, 1565, pp. 797-801 (2005)

35)　Turl, C. W., and R. H. Penner：Differences in echolocation click patterns of the beluga (*Delphinapterus leucas*) and the bottlenose dolphin (*Tursiops truncatus*), The Journal of the Acoustical Society of America, **86**, 2 pp. 497-502 (1989)

36)　Akamatsu, T., et al.：Comparison of echolocation behaviour between coastal and riverine porpoises, Deep Sea Research Part II: Topical studies in Oceanography, **54**, 3, pp. 290-297 (2007)

37)　Kimura, S., et al.：Density estimation of Yangtze finless porpoises using passive acoustic sensors and automated click train detection a, The Journal of the Acoustical Society of America, **128**, 3, pp. 1435-1445 (2010)

38)　Kimura, S., et al.：Variation in the production rate of biosonar signals in freshwater porpoises, The Journal of the Acoustical Society of America, **133**, 5 pp. 3128-3134 (2013)

39)　Lyamin, O. I., et al.：Cetacean sleep: an unusual form of mammalian sleep, Neuroscience & Biobehavioral Reviews, **32**, 8, pp. 1451-1484 (2008)

40)　Linnenschmidt, M., et al.：Biosonar, dive, and foraging activity of satellite tracked harbor porpoises (*Phocoena phocoena*), Marine Mammal Science, **29**, 2, (2013)

41)　Villadsgaard, A., M. Wahlberg, and J. Tougaard：Echolocation signals of wild harbour porpoises, *Phocoena phocoena*, Journal of Experimental Biology, **210**, 1, pp. 56-64 (2007)

42)　Akamatsu, T., et al.：Scanning sonar of rolling porpoises during prey capture dives, Journal of Experimental Biology, **213**, 1, pp. 146-152 (2010)

43)　Au, W. W. L., et al.：Demonstration of adaptation in beluga whale echolocation signals, The Journal of the Acoustical Society of America, **77**, 2, pp. 726-730 (1985)

44)　Au, W. W. L., P. W. B. Moore, and D. Pawloski：Echolocation transmitting beam of the Atlantic bottlenose dolphin, The Journal of the Acoustical Society of America, **80**, 2, pp. 688-691 (1986)

45)　Au, W. W. L., R. H. Penner, and C. W. Turl：Propagation of beluga echolocation signals, The Journal of the Acoustical Society of America, **82**, 3, pp. 807-813 (1987)

46)　Au, W. W. L., et al.：Transmission beam pattern and echolocation signals of a harbor porpoise (*Phocoena phocoena*), The Journal of the Acoustical Society of

America, **106**, 6, pp. 3699–3705 (1999)

47) Koblitz, J. C., et al. : Asymmetry and dynamics of a narrow sonar beam in an echolocating harbor porpoise, The Journal of the Acoustical Society of America, **131**, 3, pp. 2315–2324 (2012)

48) Au, W. W. L., et al. : Echolocation signals and transmission beam pattern of a false killer whale (*Pseudorca crassidens*), The Journal of the Acoustical Society of America, **98**, 1, pp. 51–59 (1995)

49) Philips, J. D., et al. : Echolocation in the Risso's dolphin, *Grampus griseus*, The Journal of the Acoustical Society of America, **113**, 1, pp. 605–616 (2003)

50) Akamatsu, T., D. Wang, and K. Wang : Off-axis sonar beam pattern of free-ranging finless porpoises measured by a stereo pulse event data logger, The Journal of the Acoustical Society of America, **117**, 5, pp. 3325–3330 (2005)

51) Kikuchi, M., et al. : Detection of manatee feeding events by animal-borne underwater sound recorders, Journal of the Marine Biological Association of the United Kingdom, **94**, 6, pp. 1139–1146 (2014)

52) Herald, E. S., et al. : Blind river dolphin: first side-swimming cetacean, **166**, 3911, pp. 1408–1410 (1969)

53) Dietz, R., et al. : Upside-down swimming behaviour of free-ranging narwhals, BMC ecology, **7**, 1, p. 14 (2007)

54) Watwood, S. L., et al. : Deep - diving foraging behaviour of sperm whales (*Physeter macrocephalus*), Journal of Animal Ecology, **75**, 3, pp. 814–825 (2006)

第3章 水中生物の受動的音響観測手法

声がすれば存在を確認できる。これが受動的音響観測手法の基本的な考え方である。前章までにいろいろな水中生物の声の特性やその発し方について述べた。本章では，その生物の音を受動的に観測することによって実際に何がわかるか，その適用と限界について見ていく。

3.1 受動的音響観測

情報の少ない水棲動物の観察において，その動物が声を発するならば，受動的音響観測は強力なツールとなる。機器を運用するスタイルには，大きく分けて定点式と移動式がある（**図 3.1**）。定点式が固定ビデオカメラ，移動式が航空写真と考えるとわかりやすいだろう（**図 3.2**）。

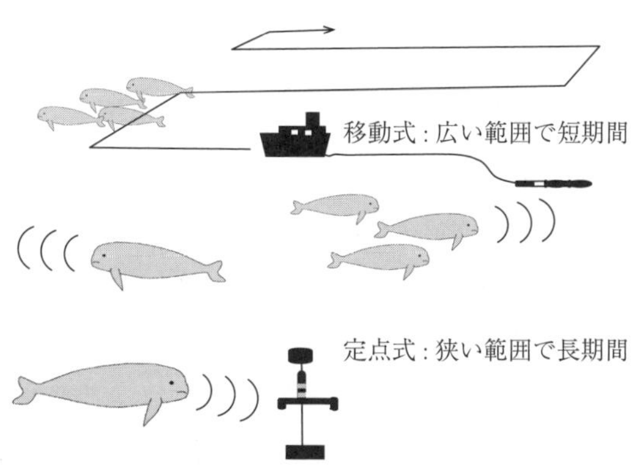

図 3.1 受動的音響観測機材の運用方法による特徴

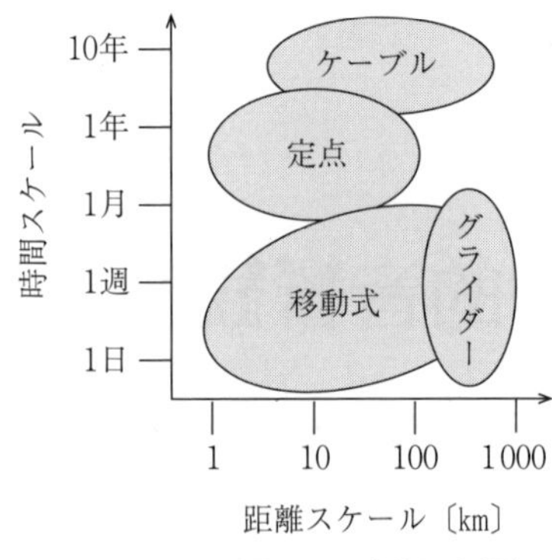

受動的音響観測で見える時間スケールと空間スケールは，運用方法によって異なる。観察したい対象や予算などによって，適切な方法を選ぶ。

図 3.2　受動的音響観測の時空間スケール

すでに鯨類においては保全や資源管理に必要な生態情報「いつ，どこに，どの生物が，どのくらいいるのか」が音を聴いてわかるようになってきた。これまでの受動的音響観測が「鳴いた種がいた」という存在証明にのみ使われてきたことに比べ，定量性と情報の質が格段に高まったといえる。観測手法も多様化してきており，何を調べたいか，何を明らかにしたいかによって，適切な観測手法を選べるようになってきた。

受動的音響観測では機器の進歩も目覚ましい。かつては船からマイクロホンを水中に垂下する方法が一般的であったが，内部にメモリと電池を備えた音響記録機の登場によって，定点における長時間の観測例が増えている。定点式観測では，ある場所に発音源が「いつ」来たか（正確には，受信可能範囲でその生物が録音機の検出閾値以上の大きさ音で鳴いたかどうか）を知ることができる。わずかな労力で長時間対象水域を観測できるため，特に洋上風力発電所や埋立てなどの決まった場所でのモニタリングに向く。多点観測を行えば，「どこに」いたのかもある程度推定できる。観測装置間で時間を同期して音源測位を行えば，発声個体の位置特定や追跡はより精密になる。また，地震観測や潜水艦探知の軍事目的に用いられていた海底ケーブルも水生動物の観測に利用されている。年単位の長期間観測に向いており，低周波音を発する大型のクジラの音声受信に使われている。これらの応用については第5章で詳しく述べる。

これに対し，水中マイクロホンを船から曳航したり水中グライダーのような静かな移動体に付けて録音したりすればより広い範囲の音を観測でき，「どこに」発音源がいたかを調べられる。特にイルカの発する超音波は，周波数も高く音源音圧も大きいので航行中でも航走雑音の影響を受けにくい対象である。

3.2 いついるか：存在を調べる

3.2.1 定点式の音響観測

最も広く用いられている受動的音響観測手法は，定点式である。録音機を水中に設置しておくだけというシンプルさ，目視観察では難しい長期連続観察など，音響調査の特徴が生かせる。停止させた船だけではなく，海底やブイへの固定，海底ケーブルなどさまざまなプラットフォームが用いられている。数日から時には年単位の時間の記録から対象音を抽出すると，その水域で目的とする鳴いた動物がいついたのかを調べられる。

小型のハクジラ類であるイルカは，第2章で述べたバイオロギングで明らかになったように，頻繁にクリック音を発している。種や個体の差はあるものの，ほとんどの場合，数秒から十数秒待てば鳴くため，音響的な見逃し率が小さい。大型のヒゲクジラが用いる低周波音は，発声頻度こそイルカほど高くないものの，非常に遠くまで届くため，広範囲を観測できるという利点がある。

3.2.2 定点式での音響観測と目視観察の比較

これまで鯨類の観察といえば，船舶あるいは崖の上から経験を積んだ観察者が忍耐強く目視を続けなければならなかった。この手法は群れの行動や母仔などの社会構成を観察するのに優れているが，天候の影響を受けやすく夜間の実施は難しい。何より人間の集中力や視野，経験といった，制御が難しいパラメータで発見効率が変わってしまう。この点，音響機器であれば，一定の検出効率で昼夜の別なく24時間観察が可能であり，何週間でも何か月でも忍耐強く記録を続けてくれる。深海から絶海の孤島，厚い氷の裏でも，機器を設置さえすれば観察可能で，人間の労力やリスクを大幅に軽減できる。

イルカやクジラなどの哺乳類は呼吸のため浮上する。目視観察は，人間が目視によってこの呼吸浮上時をとらえる調査である。音響観測は，動物が音を発したときをとらえる調査である。どちらの検出効率がよいか，両方の手法を同時に実施して，結果を比べてみた。

中国の揚子江で定点の音響観測と目視観察を併用した。対象生物はスナメリ，目視による発見が最も難しいイルカの一種である。小さく，背びれやくちばしがないといった身体的特徴に加え，群れが小さい，ジャンプをほとんどしない，あまり積極的に船に近づかないといった特徴のためである。

1分ごとに時間を区切り，そのなかで1頭でも（あるいはひと声でも）記録があった場合，検出と定義し結果を比較したところ，いずれの定点でも目視観察より音響観測のほうが多くの時間検出された（**図3.3**）。平均すると目視で全観察時間の約13%，音響では82%でスナメリが検出された[1)]。目視では浮上したときにしか見つけられないが，音響では水中で鳴けば検出できることが，この違いの原因と思われる。スナメリの呼吸間隔は約1～2分[2)]であるのに対し，発声間隔は約5秒である[3),4)]。

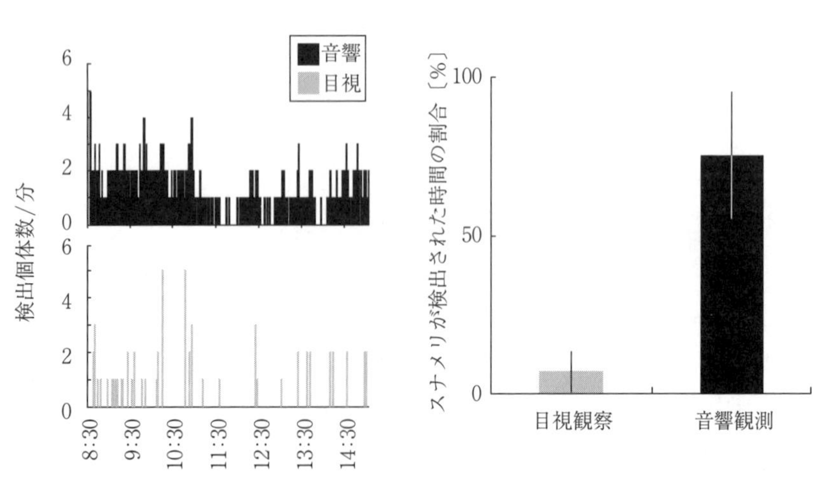

小型のイルカであるスナメリの定点観察で，1分ごとの検出頭数を比較した。目視観察より音響観測のほうが，圧倒的に検出数が多かった[1)]。

図3.3　イルカの音響観測と目視観察の比較

音源を分離すれば，鳴いている個体の数を数えられる。音源の方位を計算し，同時に異なる方位の音源が確認されれば，その数が観測範囲内にいた最小の個体数といえるだろう（**図 3.4**）。これを行うには，時刻を同期した二つ以上の水中マイクロホンによる録音が必要である。一つの機材のなかに二つマイクをもつステレオ方式では時刻同期が容易となる。特に，音を頻繁に発する動物（例えばイルカ）では，何度も鳴くと音源の相対方位が軌跡のように描かれる。この軌跡が 1 頭に対応する。また，数を数えられるだけでなく，観測器と音源の位置から動物の動きもとらえられる。

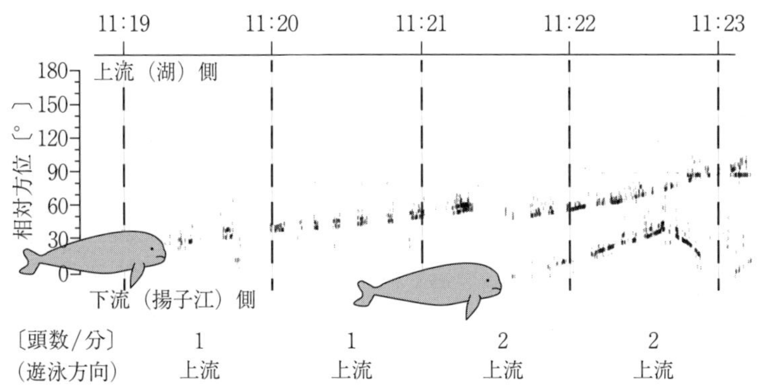

音の方位の軌跡から，鳴いている個体の数を数える。マイクロホンが二つあれば，2 頭が同時に鳴いた場合でも音源の方位を分離できる。鳴いている個体の方位軌跡の一つひとつが各個体に対応している。

図 3.4　音響的な個体数カウント

定点式の観測では，ある時点で検出範囲内にいる個体の数を数えられても，あらかじめ個体ごとに音が識別されていない限り，同じ個体が検出範囲から出たり入ったりしているのか，別の個体がやって来たのかという区別はできない。あくまでも「ある時間に延べ何頭いたかがわかる」だけである。

モノラル方式でも平坦な浅い海底，水底や水面から反射した音を利用すれば，音源までの距離と深度の計測が可能であり[5]，個体分離できる場合がある。ただし定位の確からしさは，マイクロホンと動物との距離，研究対象水域の海底地形などに強く依存するため，事前に誤差範囲を調べておくことが重要である。

さて，個体の数を音源方位分離で数えられるといっても，音源どうしがあまりに接近しているとき，例えばイルカが密な群れをつくっているときに，どのくらい正確に数えられるのかという疑問が湧く。筆者らが行った揚子江のスナメリの調査では，音響的には同時に6頭以上の計数が困難であった（**図3.5**）。教室で先生が一人だけ話していれば明瞭であるが，学生が6人も10人も同時に話し出すと誰が何と言っているかわからない，というのに似ている。

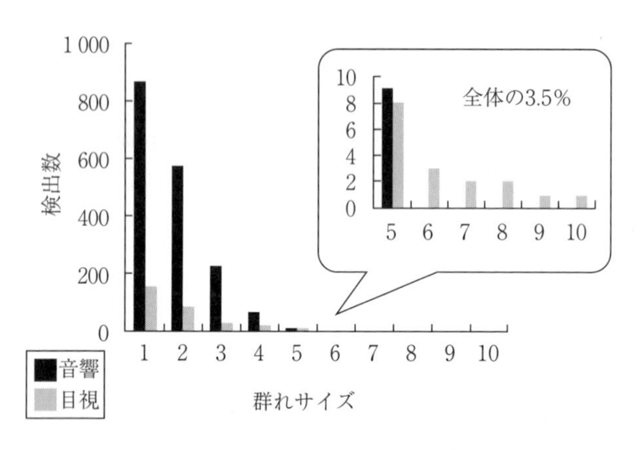

群れサイズが大きくなると，音響での検出数が急速に下がる[1)]。これは，音源方位分離精度の限界により，密な群れのなかでの個体数の分離が難しいためである。

図3.5　音響観測と目視観察によるイルカの群れサイズの比較

群れサイズが大きい種の個体数を計数する場合，群れのなかでの各個体の方位を音響的に分離することが難しくなる。これを改善するには，マイクロホン間距離を長くするか，サンプリング周波数を上げて方位の分解能を確保する，あるいはより多くのマイクロホンを使用して異なった位置からの方位の組合せで個体分離を行う，などの策を講じなければならない。しかし，水中マイクロホン間距離が大きければ大きいほど，すべての水中マイクロホンに同時に音が入る確率は下がる。特に，イルカのエコーロケーション音のような指向性が鋭い音の場合は要注意である。また，イルカが複数種生息する海域でも，同じ科に属する種のクリック音は周波数やパルス幅などがよく似ているため注意が必要である。さらに，浅い水域の場合，音が水面反射されて多重パルスとなり，音源分離が困難になる可能性も高い。よって音響観測では，短い時間の間に多数の個体が音声を出した場合，各個体を完全に別々に分離することは困難である。結論として，定点式音響観測による個体数計数は，比較的個体数密度が低い動物に向く[6]。

3.2.3 声が届く範囲

定点式観測手法では観測範囲が限定されているため，広域をカバーする場合には多くの機材が必要となる。特に減衰の大きい高い周波数の音（例えばイルカのエコーロケーション音など）をとらえるときは，狭い海峡でも全域をカバーできるとは限らない。観測できる範囲（半径）を知っておくことが重要である。

鳴き声の観測範囲は具体的にどのくらいなのか？これに答えるには，対象種が出しているもとの音の大きさ（音源音圧レベル，コラム7「音圧の表し方」参照）と伝わっていくときの音の減衰（伝搬損失），および受信機の検出閾値がわかればよい。声が届く範囲を計算するソナー方程式を立てるにあたって具体的に必要となるのは，上の三つだけである。

ソナー方程式は潜水艦探知を起源としており，雑音中で信号が聞こえる最大探知距離を計算するために第二次世界大戦中に定式化された。音が減衰していく割合を引き算で計算し，検出できる限界を求めることができる。本来の音の大きさは距離に反比例して小さくなるため割り算を行う必要があるが，音圧を対数のレベル表示にすることによって，引き算で済ませられる。

これを書き下せば，式（3.1）のようになる。音源から距離1mのところで測った値に換算した音源音圧レベルから，受信機のところまで音が伝わる間に小さくなる伝搬損失を引き算する。これは受信機の位置で予想される受信レベルに等しい。受信レベルが受信機の検出閾値よりも大きければ，声が記録される。

$$音源音圧レベル - 伝搬損失 = 受信レベル > 検出閾値 \tag{3.1}$$

伝搬に伴い音が拡散し，吸収されるため，受信音圧レベルは水中マイクロホンと音源（対象動物）との距離に応じて小さくなる。拡散の部分は簡単で，距離 2 m なら半分，10 m なら 10 分の 1 に音圧が小さくなる。吸収損失は，音のエネルギーが分子運動として熱エネルギーに変わってしまうために起こる。これはおもに周波数に依存する吸収減衰係数 α に伝搬距離 r を掛ければよい。音源が水面や海底などの反射境界から十分離れている場合，音波は水中を球状に拡散する。伝搬距離 r における球面拡散の伝搬損失は，つぎの式で求められる。

$$伝搬損失 = 20 \log r + \alpha r \tag{3.2}$$

イルカのクリック音のような高周波の場合には，このきわめて単純なソナー方程式がよく当てはまる。伝搬距離が数十 m の範囲なら吸収減衰が大きく効くことはなく，周波数が高く音が直線的に進むため，ある程度の深さであれば球面拡散を仮定できる。例えば，ネズミイルカなどが生息する浅い海域におけるエコーロケーション音は，球面拡散で音が減衰する[7]。デンマーク沿岸海域に生息するネズミイルカが出す 130 kHz の音は吸収減衰係数 α が 0.04 dB/m である。一方，温暖な南シナ海沿岸に生息するシナウスイロイルカが発する 108 kHz の音では 0.035 dB/m である。100 m 伝搬して 3 ～ 4 dB の吸収減衰であるから，同距離の拡散減衰 40 dB に比べれば小さい。

例えば，長崎県にある針尾瀬戸の岸壁に設置したスナメリ観察システムの検出可能距離を求めてみよう。検出閾値は 144.7 dB に設定した。スナメリの音源音圧レベルは 185.6 dB と報告されている[8]。これらを式（3.1）のソナー方程式に代入すると，未知変数は距離のみとなり，検出限界距離は約 100 m となる。装置は岸壁に設置したため，岸から 100 m 内の範囲をモニタしていたことになり，音響機材設置場所での針尾瀬戸の水路幅 260 m の 38％を観測していた計算だ。水路のどこでも均等にスナメリが通過していたとすれば，半分以上は見逃していた可能性がある。これは観測前からわかっていたので，対岸にもう一つの観測装置を付けたかったのだが，現場観測ではなかなか事情が許さなかった。

ここまで，海中での音響伝搬についてあまりにも単純化しすぎていると感じられたかもしれない。実際は海底下への潜り込みや多重反射の影響があり，精緻な数値シミュレーションを行うには膨大な計算が必要になる。水深が浅ければ，音波の拡散は球面ではなく円筒に近くなる。吸収係数も，音の周波数や，水温，水深，塩分濃度などの環境特性の影響を受ける。さらに，受信機の位置で受信限界である閾値以上の音圧レベルがあったとしても，その現場の背景雑音レベルがそれより大きければ受信できない。それを改善するため指向性をもった受信機を用いたり，音源の特性の統計的範囲をあらかじめ計測したりしておいて，それに合ったものだけを抽出する計算方法もある。海中音響伝搬の概要に関しては，例えば文献 9）や文献 10），その翻訳書 11）を参照していただきたい。

ソナー方程式でのもう一つの重要な項である音源音圧レベルは，生物の鳴き声の場合，変化しやすい。水中生物が発する音の音源音圧レベルを知るには，発声個体の種同定と距離測定を同時に行わなければならないので，測定は簡単ではない。検出距離を算定するにあたり，音響観測を実施したい環境における対象生物の音源音圧レベルを把握する必要がある。

水中生物の鳴き声の音源音圧レベルは，野外と飼育下では異なることが多いため，野生でできる限り自然な状態で遊泳する動物が出す音を調べるのが望ましい[12)]。例えば，イルカのクリック音の音源音圧レベルは，飼育下では野外よりずっと小さい。おそらくコンクリート壁に囲まれた水槽のなかでは，あまり大きなクリック音を出すと反響してしまい，イルカ自身がうるさくてしかたないのだろう。デンマークのネズミイルカの場合，エコーロケーション音の音源音圧レベルは，野生下で 178 ～ 205 dB[13)]，飼育下で 129 ～ 174 dB[14)] と 30 ～ 50 dB も差がある。ハンドウイルカも，海の生簀内ではコンクリート水槽に入れられているときよりも 40 dB 大きい音を出すことがある[13),15),16)]。大きな音を野外で使えば，イルカにとっては魚や周辺環境を遠くまで検出できるメリットがある。

音源音圧レベルは発音器官やその大きさおよび使用されるエネルギー量に影響されるので，種内，種間でも異なる。一般に，体サイズと音源音圧レベルは正の相関がある[17]。魚類の例では，ナガニベは体長の大きな個体ほど大きな音圧で発音する[18]。ハクジラ類のクリック音は，イルカ類では最大でもピーク値で 225 dB（体長～ 4 m のハンドウイルカ[19]）だが，ハクジラのなかで最も大きいマッコウクジラ（体長～ 20 m）では実効値で 236 dB という報告がある[20]。実効値で 236 dB というと，水中で爆発が生じたときに出る音に近い非常に大きい音である。同じイルカ類でも，先に検出距離計算をしたスナメリ（体長～ 2 m）に比べハンドウイルカの出す音は 40 dB 大きく，受動的音響装置での検出可能距離は単純計算で 100 倍となる。実際には周波数が高いため吸収減衰が効いてくるが，それでもハンドウイルカのような大型のイルカは，スナメリのような小型のイルカに比べ音響的に探知しやすいだろう。沿岸性の小型ハクジラが発するクリック音の音源音圧は，他の鯨類と比較して小さい[21]。沿岸性の小型ハクジラどうしで比較する場合，体サイズと音源音圧に明確な関係があるわけではない[22]ので，注意が必要である。

3.2.4　定点式の機材と今後の展望

定点式ではおもに電池駆動式の自動水中録音機が用いられる。これまでに世界中で多数の定点式音響観測装置が開発されてきた。文献 23）には，さまざまな機材の応用例が紹介されている。文献 24）も非常によくまとまっており，現在 40 種以上もの音響観測機器が開発され，使用されていることがわかる。EAR，HARP，PAL，SM2M など，さまざまな名前が付けられており，機能も対象周波数帯も多彩である。大別すると，無圧縮の生の波形を記録するタイプと，装置内で情報抽出をして圧縮記録するタイプに分けられる。

無圧縮タイプが圧倒的に多く，日本製ならばアクアサウンド社製の AUSOMS シリーズが広く用いられている。ジュゴンの摂餌音を受信していつ餌を食べたかを明らかにするなど，鳴き声の観察以外への応用を拡げた[25]。同社の AUSOMS-mini は市販 IC レコーダーを内蔵しコストを抑えたモデルである。

これと同様の設計思想はCetacean Research Technology社製のmRUDARシリーズにも認められる。無圧縮の場合，記録容量か電源容量の限界により数日から数週間が最長記録期間である。ただし，サンプリング周波数を落とし，低周波のヒゲクジラに特化したMARUのように3～4か月の運用が可能なシステムもある。MARUを複数配置することで，船舶航行が密なマサチューセッツ沖にセミクジラが周年現れることが明らかにされている。

圧縮タイプは日本製のA-tagのほかに，ヨーロッパで広く使われているT-PODシリーズとその後継のC-PODが有名である。イルカのクリック音を対象とし，そのパルスイベントを時刻とともに記録する。いずれもイルカの存在確認に特化しているため，特に希少な種の長期連続モニタリングに優れている。最近では鯨類のなかで絶滅が最も危惧されているコガシラネズミイルカのモニタリングのためメキシコのカリフォルニア湾奥に設置されたり[26)]，ネズミイルカの個体数減少が著しいバルト海に大規模に投入されたりしている[27)]。

いずれのタイプも，金銭的制約がなければ大量購入し，現場に何個も設置すれば，広範囲を観測することも可能である。Verfußら[27)]では，最大42個のT-PODをバルト海のドイツ領海部分に配置し，ネズミイルカの生態調査を行った。この研究により，当該水域にネズミイルカが周年存在すること，西から東にかけて音響検出が下がること，特に繁殖出産期にあたる春夏に検出が増えることなどが明らかになった。また，バルト海においてネズミイルカが急速に個体数を減少させている状況を受け，バルト海周辺9か国は国際プロジェクトSAMBAH（Static Acoustic Monitoring of the Baltic Sea Harbour Porpoise）を立ち上げ，300個ものT-PODを用意し，2年間かけてバルト海中のネズミイルカを観察している。その結果，バルト海全域でのネズミイルカ音声の受信状況と北海につながる部分の高密度域が明らかになった。これらの研究は，海洋保護区の設置検討と，洋上風力発電建設のアセスメントという側面をもっていた。

さらに，近年では，地球規模で音響観測定点を展開している例もある。Rischら[28)]は，北大西洋に16の音響観測定点を設置し，ミンククジラの鳴き声の検出結果から彼らの季節ごとの地理的変異を解明し，移動ルートやそのタイミング，冬の繁殖域特定を試みた。これまで，ヒゲクジラの生態は，沿岸域で餌を食べる夏や，島の近辺で繁殖する冬に情報が偏り，移動ルートの途中や沖合の繁殖場所などがあまりわかっていなかった。この研究によって，大西洋において，ミンククジラは3月から4月にかけて北緯30°より南にある冬の繁殖域を離れ北方に向かい，10月中旬から11月初旬に北緯40°より北にある夏の摂餌域を離れて南方へ回遊することがわかった。北大西洋の西側では，南から北へ向かう春の回遊でメキシコ湾流の温かい流れに沿うように大陸棚を移動し，秋はさらに沖合を通るようである。冬の間はアメリカ南西とカリブ海での鳴き声の検出が多く，この付近に滞在しているものと思われる。パルス状音の鳴き声の検出は地理的な変異が大きく，北緯40°より南でのみ長いパルス音が録音され夏にはほとんど検出されなかった。

これらとは別に，より大規模なケーブルネットワークにつながれた定点式音響モニタリングシステムも用いられている。軍事（AUTEC），核実験モニタリング（CTBTO）[†1]，海洋環境や生態研究（NEPTUNE），地殻変動観測（DONET））[†2]など，いろいろな目的で敷設された観測網である。リアルタイムで連続観測でき，大容量通信ケーブルと電力供給能力を備えている。海洋生物の鳴き声を受信する目的でつくられたものは一つもないが，ほとんどのシステムは副産物として鯨類や水中騒音を対象とした研究成果を発信している。例えば，ニュートリノが海水を通過するときにわずかに発せられるチェレンコフ光を検出する天文学用のNEMOは，検出器の位置計測のために水中マイクロホンを装備している。ところがこれが深海のマッコウクジラの声をとらえており，むしろそちらで活躍した例がある[29)]。日本の海洋研究開発機構が90年代初めから運用している神奈川県の初島沖の地震観測用ケーブルでも，Iwase[30)]がマッコウクジラの鳴き声を検出している。これらのシステムは低周波音を発するヒゲクジラが繁殖期に発する音声の検出に特に向いており，例えば

---

†1　http://www.ctbto.org/

†2　http://www.jamstec.go.jp/donet/j/

CTBTO のセンサーを用いてシロナガスクジラの音声の季節性が明らかになっている。これらの具体例については第 5 章で詳しく述べる。

ケーブルシステムの受信帯域も拡がってきており，将来的にはヒゲクジラだけでなく多様な生物に対して長期間リアルタイムでモニタリングできるようになるだろう。このような全地球規模の音響モニタリングはウェブ上で，リアルタイムで聞くこともできる。さまざまなケーブルシステムで得られた音からイルカやクジラが検出される様子がわかる†。

コラム11

機材の名前

本文で紹介したように，水中生物音を録音するために音響機材にはさまざまな種類があり，開発者らのさまざまな思いを込めて名前が付けられている。例えば略称名に工夫が見られる EAR は ecological acoustic recorder の略だし，HARP は High-frequency Acoustic Recording Package の略である。AUSOMS は，Automatic Underwater Sound Monitoring System の頭文字の略称だが，英語で「ものすごい」を意味する awesome にひっかけてある。

B-probe の B は，本当は Bioacoutic の B なのだが開発者のファーストネームの Bill からとったと勘違いされることがある。同じような誤解で A-tag は Acoustic-tag の略なのだが，開発者名の姓の頭文字じゃないの？と，ときどきいわれる。ある学会では，DTAG を使って研究しているチームは研究発表で，「開発したときうちのチームに David はいなかったから，David-tag じゃないけど」とジョークを飛ばしてうけていた。このときセッションの座長をしていたのは David Mann という著名な研究者だった（本文中にもいくつか論文が登場する）。ちなみに，DTAG の D は digital の頭文字である。本文を読んでいてお気付きになられた方もいるかと思うが，A-tag, B-probe, C-POD, DTAG, EAR，…何か意図的なもの（あるいは神か仏のお導き？）を感じてしまう。

---

† LIDO
http://www.listentothedeep.com/

3.3　どこにいるか：分布を調べる

3.3.1　移動式の音響観測

複数の観測定点を設置すれば広域の情報を同時に得ることができる。しかし，高額な機材の購入や定点の維持管理のためには資金と労力がかかり，膨大なデータの解析はなかなかたいへんである。これに対して，音響観測で広い範囲を比較的安価にカバーするには，水中マイクロホンを曳けばよい。

移動式プラットフォームはさまざまあるが，最もよく使われるのは船舶である（**図3.6**）。水中マイクロホンを船尾より数十mから数百mほど後方まで伸ばし，自船の雑音を減らしつつ生物音を検出する試みである。移動式プラットフォームの優れているところは，広範囲をカバーできるだけでなく対象動物のダブルカウントを減らせる点にある。この原理は目視調査と同じである。通常船速を毎秒3mから5m（時速10kmから18km）とし，水生生物の通常の遊

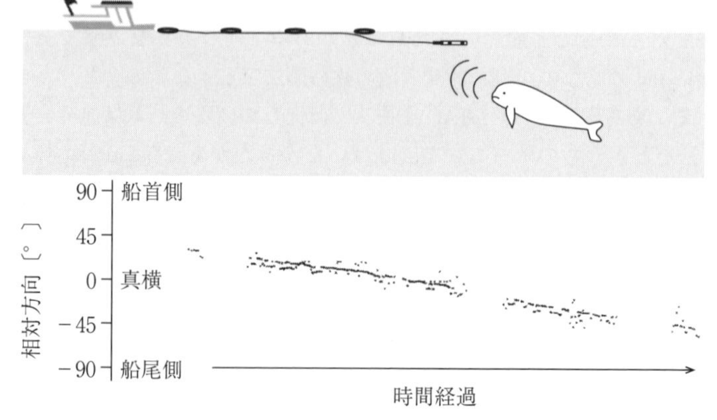

ステレオ水中マイクロホンを船尾側で曳いている。移動速度が対象動物の動きより速いため，鳴いている個体はまずマイクロホンの船首側で検出され，相対方向は時間が経過するにつれ船尾側に変化する。この鳴き声の軌跡の数を数えれば，鳴いている個体の数がわかる。ここでの検出は1頭である。

図3.6　移動式の受動的音響調査での個体数の数え方

泳速度である毎秒 1 ～ 2 m[31),32)] より速く設定する。これによって，調査船はつねに対象動物を追い抜くことになる。このため，前方あるいは横方向に新しい検出があった場合，前の検出とは異なる個体として扱え，独立した音源の数を一つずつ数えれば鳴いていた個体数を計測できる。定点観測でも個体数計数は可能だが，検出が 2 回あった場合に同一個体か別々の個体かを分けられない。移動式音響調査は，対象水域の動物の個体数を推定するライントランセクト法[33)]の音響版で，鳴いている個体数の直接計測に有利である。

移動式による検出可能距離が一定とすると，観測範囲は調査ラインに沿った細長い長方形となる。複数の水中マイクロホンを使用し，音が記録される時間差から異なる音源の方位を分離すれば[34),35)]，観測範囲内の個体数すなわち密度を計測することができる。ただし，動いている船から動いている音源（動物）の位置を推定するので，音源方位の測定誤差は定点式より大きくなる。また，定点式に比べ，移動中の雑音レベルが高いため検出距離は短くなることが多い。

3.3.2　移動式での音響観測と目視観察の比較

初期の頃，移動式音響観測は目視観察と同じ船を用いて行われた。その確からしさは，目視観察と比較することで確認された[36),37)]。例えば，西太平洋では，アメリカのチームがマッコウクジラに対して目視観察と音響観測の併用を試みたところ，目視観察者は群れサイズの推定に優れ，音響観測は群れの検出に優れていたとの報告がある[38)]。音響観測は群れの見逃し率が低い一方で，群れが大きくなると目視観察のほうが個体数計数に優れる，という定点式観測の傾向と一致する。

特に，目視観察の難しい，小型で群れサイズの小さいイルカ類では，頻繁に発声されるエコーロケーション音をとらえることで音響観測が有利になる場合が多い。 例えば，中国の揚子江でスナメリに適用された例では，音響による発見数は目視の 2 倍もあった（**図 3.7**）[38),39)]。ただ，このような種でも稀に群れサイズが大きくなる場合がある。音源方位を分離できれば同時に複数個体勘

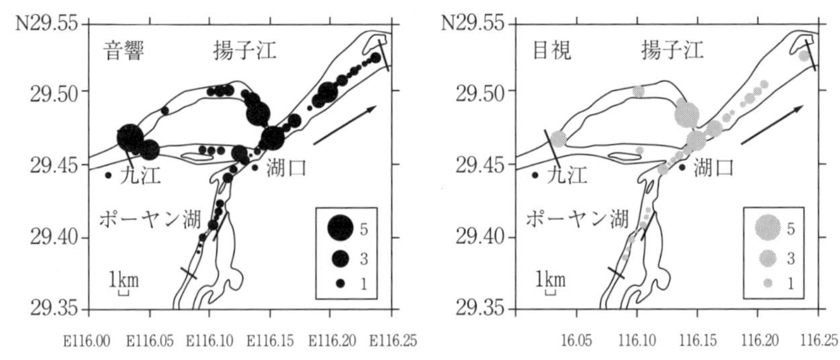

分布傾向はよく似ているが，発見総頭数は音響が133頭で目視76頭の2倍近くであった。矢印は流れの方向，黒線は調査範囲の端である。

図3.7　移動式音響観測と目視観察によるスナメリの発見数の比較

定することも可能であるが，やはり群れサイズが大きい場合は目視観察の個体数計数のほうが有利である[40)]。

定点式と同じように，目視観察では鯨類が呼吸したとき，音響観測では声を出したときに動物をとらえられる。呼吸頻度と発声頻度は異なるため，検出確度に差がある。ただ移動式では，通常目視観察は船の前方を注目し，音響観測は船の後方で曳航して実施されるため，同一個体の発見に時間差が生じる。これらの特徴は，4.2節で紹介するDistance samplingにとってむしろ都合がよい。検出メカニズムがまったく異なる独立な手法を同時に使って同じ対象動物を観察すると，それぞれの手法で見逃した動物の個体数も推定できるからである。その場合，目視と音響で同じ個体を検出したか否かを判定しなければならない。例えば，ある一定の時間の長さを設定し，そのなかで両手法での発見があった場合に同一個体であったと見なして移動式音響観測の検出確率を推定する手法も開発されている[38),40)]。

3.3.3　移動式の機材と今後の展望

近年，移動式のプラットフォームとして注目されているのがグライダーなどのロボット型プラットフォームである(**図3.8**)。自律型無人潜水機(autonomous underwater vehicle，AUV) の仲間だが，「水中を滑空」するグライダーは静か

図 3.8　仙台湾で観測中の水中グライダー（手前）と水上バイク（撮影：清水勇吾）

であるため特に受動的音響観測に適している。調査船の運航に比べればはるかに低コストで無人で広範囲を観測できる。

最近では，半自動で鯨類の分布を継続的にモニタできるまでに進歩してきた。生物の音響観測に使われたのは，Seaglider（シーグライダー）と呼ばれる機械である。Seaglider は，海のなかで自立的に鯨の声を探し，イリジウム衛星を利用して“ほぼ”リアルタイムで陸上にその情報を伝達する。2009 年にハワイ島西沖で実施された実験では，Seaglider は水面から水深 1 000 m 帯まで約 2 ～ 3 時間かけて下降し，その後同様の時間をかけて上昇しながら，おもに水深 1 000 ～ 2 000 m の水域の音響データを収集した[42]。このときの観測対象アカボウクジラ科のハクジラは，第 2 章で紹介したように深海で発声するため，音響機材は水深 500 m 以下でのみ作動するようにし，3 週間で約 390 km をカバーした。その結果，延べ 194 時間分の音響データが得られ，アカボウクジラ科だけでなくマイルカ科の鳴き声やマッコウクジラの発する音までもが入っていた。調査船から音響機材を曳航する方法と比べて，このようなロボット型の機器は静かで広範囲を無人で観測できる。初期投資のコストは高いが，無人で運転できる期間が長ければ長いほど，人手がかからずメリットが大きいなど，優れた点をもつ。

Wave Glider（ウェーブグライダー）という機械も受動的音響観測に向いている。波の力を動力源にして，あらかじめプログラムしたとおりに動く。観測装置は海中に吊り下げられるため，波の音の影響を受けにくい。速度はゆっくりとしたものだが，長期間海洋を漂ってデータを収集できるプラットフォームとして期待されている。Wave Glider がおもしろいのは，その場に留まるという設定もできることである[43)]。水深数千 m の太平洋の真ん中で定点観測をするならば，巨大なブイシステムが必要である。Wave Glider は波の力を利用して，わずかにずれはあるが位置を保持でき，巨大なブイシステムよりはるかに安い。

音響観測機材が小型化し，データ記録容量も大きくなったため，こうした無人自動観測が可能になった。今後こうした移動プラットフォームの観測態勢はますます強化されると考えられ，観測データの保存や共有が大きなテーマになってくると予想される。

コラム12

国産の水中生物音響機材

国産の生物音響観測機器について少し詳しく紹介しよう。

A-tag はイルカのクリック音の観測に特化しており，定点式，移動式，動物装着型のいずれにも対応している[†]。第5章で述べるように，洋上風力発電事業での海生哺乳類アセスメントで標準的に使われている機材である。ステレオ録音方式がこの機材の大きな特徴で，音の到達時間差を機器自体で計算し記録する。このため音源の分離が容易で，受動的音響手法における定量的調査に対応している。

内部回路は，アンプ，CPU，フラッシュメモリが防水アルミニウムケースに収められている。ステレオマイクロホン間の音の到達到達時間差と受信音圧を計測して，最速で 0.1 ミリ秒ごとにこれらの数値を記録する。この時間内で二つの水中マイクロホンが音波を受信しなかった場合はメモリ節約のため記録を省略し，つぎの時間窓で再び計測を開始する。自由に泳いでいるイルカのソナー音の平均パルス間隔は，例えばスナメリで 60 ミリ秒であり，当該装置の記録間隔は，イルカが発するクリック音のパルス間隔の計測を目的とするならば十分に短い。雑音排除とメモリ節約のために，あらかじめ検出閾値が任意に設定できる。検出閾値を超えたパルス音をどちらかの水中マイクロホンで検知

† http://mmtcorp.co.jp/A-tag/

すると，音の到達時間差を計測する271ナノ秒間隔のカウンターが始動し，もう一方の水中マイクロホンに音波が到達するまでの間，カウンターが増え続ける。音の到達時間差は音圧とは別に計測される。

AUSOMSシリーズは人間の可聴域の録音を行う装置で，定点式を主体として移動式のラインナップも揃える†。AUSOMSシリーズは生録音を基本とし，人間が聞いたままの音を記録できる。水中マイクロホンの感度は－190 dB re V/μPa，周波数特性は20 Hz～20 kHzの範囲で2 dB以内に収まる。アンプのゲインは20 dBから70 dBまで10 dBずつ設定できる。生物音響調査では対象音が微弱なものから大きなものまで幅が広いので，それに合わせゲインを設定する。

ポリアセタール樹脂製のminiとmini stereoは耐圧が水深30 mまでだが，カーボンファイバー製のblackは水深1 000 mまで耐えられる。電池寿命はminiでは約9日間（単3アルカリ乾電池使用），mini stereoではステレオで約21日間（単3アルカリ乾電池使用で）である。無圧縮録音を選択した場合には32 GBのメモリ容量の限界で最長40時間までの録音となる。小型のmicroは海洋動物への装着だけでなく，受動的音響観測にも使え，魚介類の巣穴などへの設置が可能である。

図（a）にA-tag，（b）にAUSOMS-mini stereoを示す。いずれも片手でつかめる大きさで，電池駆動で数週間連続記録ができる。両機材とも筆者が相当使い込んでおり，シールや汚れが目立つ。海中に1か月設置して，無事にデータと一緒に戻ってくるとホッとする。

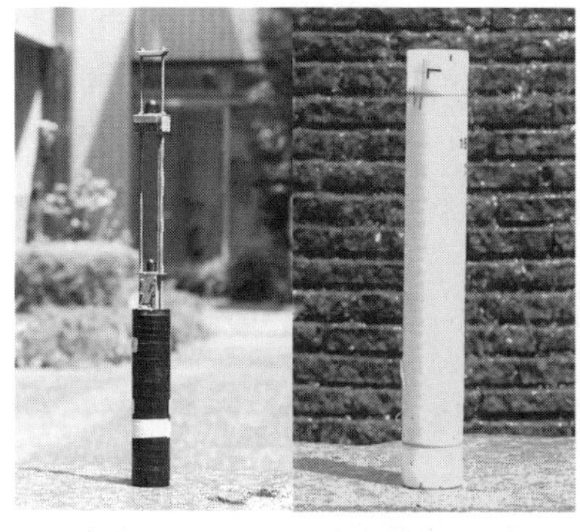

（a）A-tag　（b）AUSOMS-mini stereo

図　A-tagとAUSOMS-mini stereo

† http://aqua-sound.com/products.html

引用・参考文献

1) Kimura, S., et al.：Comparison of stationary acoustic monitoring and visual observation of finless porpoises, The Journal of the Acoustical Society of America, **125**, 1, pp. 547–553 (2009)

2) Akamatsu, T., et al.：Diving behaviour of freshwater finless porpoises (*Neophocaena phocaenoides*) in an oxbow of the Yangtze River, China, ICES Journal of Marine Science: Journal du Conseil, **59**, 2, pp. 438–443 (2002)

3) Akamatsu, T., et al.：Biosonar behaviour of free-ranging porpoises, Proceedings of the Royal Society of London B: Biological Sciences, **272**, 1565, pp. 797–801 (2005)

4) Kimura, S., et al.：Variation in the production rate of biosonar signals in freshwater porpoises, The Journal of the Acoustical Society of America, **133**, 5, pp. 3128–3134 (2013)

5) Aubauer, R., M. O. Lammers, and W. W. L., Au：One-hydrophone method of estimating distance and depth of phonating dolphins in shallow water, The Journal of the Acoustical Society of America, **107**, 5, pp. 2744–2749 (2000)

6) Mellinger, M. K., et al.：An overview of fixed passive acoustic observation methods for cetaceans, Oceanography, **20**, 4, pp. 36–45 (2007)

7) DeRuiter, S. L., et al.：Propagation of narrow-band-high-frequency clicks: Measured and modeled transmission loss of porpoise-like clicks in porpoise habitats, The Journal of the Acoustical Society of America, **127**, 1, pp. 560–567 (2010)

8) Li, S., et al.：Sonar gain control in echolocating finless porpoises (*Neophocaena phocaenoides*) in an open water, The Journal of the Acoustical Society of America, **120**, 4, pp. 1803–1806 (2006)

9) 海洋音響学会 編：海洋音響の基礎と応用，成山堂書店 (2004)

10) Urick, R. J.：Principles of underwater acoustics (1983).

11) Urick, R. J. 著，三好章夫 訳，新家富雄 監修：改訂水中音響学，京都通信社 (2012)

12) Madsen, P. T., and M. Wahlberg：Recording and quantification of ultrasonic echolocation clicks from free-ranging toothed whales, Deep Sea Research Part I: Oceanographic Research Papers, **54**, 8, pp. 1421–1444 (2007)

13) Villadsgaard, A., M. Wahlberg, and J. Tougaard：Echolocation signals of wild

harbour porpoises, *Phocoena phocoena*, Journal of Experimental Biology, **210**, 1, pp. 56–64 (2007)

14) Linnenschmidt, M., et al. : Stereotypical rapid source level regulation in the harbour porpoise biosonar, Naturwissenschaften, **99**, 9, pp. 767–771 (2012)

15) Evans, W. E. : Echolocation by marine delphinids and one species of fresh-water dolphin, The Journal of the Acoustical Society of America, **54**, 1, pp. 191–199 (1973)

16) Au, W. W. L., et al. : Measurement of echolocation signals of the Atlantic bottlenose dolphin, *Tursiops truncatus* Montagu, in open waters, The Journal of the Acoustical Society of America, **56**, 4, pp. 1280–1290 (1974)

17) Gillooly, J. F., and A. G. Ophir : The energetic basis of acoustic communication, Proceedings of the Royal Society of London B: Biological Sciences, **277**, 1686, pp. 1325–1331 (2010)

18) Connaughton, M. A., M. H. Taylor, and M. L. Fine : Effects of fish size and temperature on weakfish disturbance calls: implications for the mechanism of sound generation, Journal of Experimental Biology, **203**, 9, pp. 1503–1512 (2000)

19) Wahlberg, M., et al. : Source parameters of echolocation clicks from wild bottlenose dolphins (*Tursiops aduncus* and *Tursiops truncatus*), The Journal of the Acoustical Society of America, **130**, 4, pp. 2263–2274 (2011)

20) Møhl, B., et al. : The monopulsed nature of sperm whale clicks, The Journal of the Acoustical Society of America, **114**, 2, pp. 1143–1154 (2003)

21) Morisaka, T., et al.:Echolocation signals of Heaviside' s dolphins (*Cephalorhynchus heavisidii*) a, The Journal of the Acoustical Society of America, **129**, 1, pp. 449–457 (2011)

22) Kyhn, L. A., et al. : Echolocation in sympatric Peale' s dolphins (*Lagenorhynchus australis*) and Commerson's dolphins (*Cephalorhynchus commersonii*) producing narrow-band high-frequency clicks, Journal of Experimental Biology, **213**, 11, pp. 1940–1949 (2010)

23) Au, W. W. L., and Marc O. Lammers : Listening in the Ocean, Springer (2016)

24) Sousa-Lima, R. S., et al. : A review and inventory of fixed autonomous recorders for passive acoustic monitoring of marine mammals, Aquatic Mammals, **39**, 1, pp. 23–53 (2013)

25) Tsutsumi, C., et al. : Feeding behavior of wild dugongs monitored by a passive acoustical method, The Journal of the Acoustical Society of America, **120**, 3, pp.

1356-1360 (2006)

26) Gerrodette, T., et al.：A combined visual and acoustic estimate of 2008 abundance, and change in abundance since 1997, for the vaquita, *Phocoena sinus*, Marine Mammal Science, **27**, 2, pp. E79-E100 (2011)

27) Verfuß, U. K., et al.：Geographical and seasonal variation of harbour porpoise (*Phocoena phocoena*) presence in the German Baltic Sea revealed by passive acoustic monitoring, Journal of the Marine Biological Association of the United Kingdom, **87**, 01, pp. 165-176 (2007)

28) Risch, D., et al.：Seasonal migrations of North Atlantic minke whales: novel insights from large-scale passive acoustic monitoring networks, Movement Eecology, **2**, 1, P. 24 (2014)

29) Nosengo, N.：The neutrino and the whale, Nature, **462**, 7273, p. 560 (2009)

30) Iwase, R.：Sperm whale click sounds recorded on videotapes of a deep seafloor cabled observatory in Sagami Bay, Japan, Proceedings of Meetings on Acoustics, **17**, pp. 1-9 (2012)

31) Sato, K., et al.：Stroke frequency, but not swimming speed, is related to body size in free-ranging seabirds, pinnipeds and cetaceans, Proceedings of the Royal Society of London B: Biological Sciences, **274**, 1609, pp. 471-477 (2007)

32) Watanabe, Y. Y., et al.：Scaling of swim speed in breath-hold divers, Journal of Animal Ecology, **80**, 1, pp. 57-68 (2011)

33) Buckland, S. T., et al.：Introduction to distance sampling estimating abundance of biological populations, Oxford University Press (2001)

34) Thode, A.：Tracking sperm whale (*Physeter macrocephalus*) dive profiles using a towed passive acoustic array, The Journal of the Acoustical Society of America, **116**, 1, pp. 245-253 (2004)

35) Li, S., et al.：Localization and tracking of phonating finless porpoises using towed stereo acoustic data-loggers, The Journal of the Acoustical Society of America, **126**, 1, pp. 468-475 (2009)

36) Thomas, J. A., et al.：Acoustic detection of cetaceans using a towed array of hydrophones, Rep. Int. Whal. Commn, 8, pp. 139-148 (1986)

37) Barlow, J., and B. L. Taylor：Estimates of sperm whale abundance in the northeastern temperate Pacific from a combined acoustic and visual survey, Marine Mammal Science, **21**, 3, pp. 429-445 (2005)

38) Akamatsu, T., et al.：Estimation of the detection probability for Yangtze finless

porpoises（*Neophocaena phocaenoides asiaeorientalis*）with a passive acoustic method, The Journal of the Acoustical Society of America, **123**, 6, pp. 4403–4411（2008）

39） Kimura, S., et al.：Comparison of stationary acoustic monitoring and visual observation of finless porpoises, The Journal of the Acoustical Society of America, **125**, 1, pp. 547–553（2009）

40） Akamatsu, T., et al.：A multimodal detection model of dolphins to estimate abundance validated by field experiments, The Journal of the Acoustical Society of America, **134**, 3, pp. 2418–2426（2013）

41） Klinck, H., et al.：Near-real-time acoustic monitoring of beaked whales and other cetaceans using a Seaglider ™, PLloS one, **7**, 5, e36128（2012）

42） Manley, J., and S. Willcox：The wave glider: A persistent platform for ocean science, proc IEEE OCEANS 2010 , Sydney, Austraria, May, pp. 1–5（2010）

第4章 水中生物音からわかること

第３章では，動物の声で，いつどこにいたのかを知る方法を紹介してきた。本章ではさらに，どの個体が水中で何をしていたのか，どのくらいの個体数がいたのかを声から把握する手法について解説する。動物の声を聞くだけでは，個体数はわからないように思える。ところが音のデータベースを整備して音源の分離技術とモデルを組み合わせれば，かなりいい線まで行動と個体数を遠隔観測できるようになってきた。

4.1 誰が何をしているか

4.1.1 種　識　別

水中で音を出している生き物は数多く，実際に水中マイクロホンで観測を試みると，複数種の鳴き声が録音される。この場合，まず種を識別しなければならない。第１章で紹介したように，鳴き声の音響特性が種ごとに調べられていれば，種分類は比較的容易である。例えば，音声の持続時間や波形の包絡線やスペクトル形状に種ごとの特徴があれば，その種内変化と種間変化の範囲を特定し，より分離精度を向上できる。ただし，いろいろな音が記録されたときに，それがどの動物の声なのか，つまり音を発した生物種が何であるか，すべて明らかになっているわけではない。むしろ大部分の海洋生物音が未知のままで，これからの研究を待っている。水中生物音響学はまだ博物学の時代でもあり，新しい発見に満ちている分野ともいえる。

有名な例に「boing」という音がある。1964 年に Wentz によって記載されたこの海の音は，最近になってミンククジラが発していると判明したばかりである[1]。これらの音声はDiscovery of Sound in the Seaのオーディオギャラリー†で聞くことができるので試聴いただきたい。ただ実際に聞いてみても，それがクジラの声とはにわかに信じがたい。1音1音調べていくのは地道な作業であるが，音の主が同定されれば，録音データから種を検知することができるようになる。対象とする動物種が発する音を知っておくことが，音でその動物の情報を発掘するための基本である。

このあたりの事情は，ゲノム科学と似ている。多くの生物種の遺伝子配列がデータベースに蓄えられ，微少なサンプルをシーケンサーにかけるだけで，多くのことがわかるようになってきた。生物音響学分野においても，種や行動に特異的なパターンのデータベース化が進めば，どこかで録音してきた長時間のデータファイルのなかから特定の種の動態を知ることができるようになるかもしれない。こうした技術は，イルカ類の一部ですでに実現されている。ただし，ゲノム科学と同じく，情報が似通っている種の識別精度は悪くなる。例えば，Gillespieら[2]は，ハクジラ4種の鳴き声では94%の確度で分類ができるが12種の鳴き声を考慮すると正識別率が58.5%まで落ちるとしている。

イルカ類のエコーロケーションで使われるクリック音の場合，周波数，帯域幅の特徴を用いると，科レベルでの分類は容易である。Kameyamaら[3]は，周波数感度の高さを変えた二つのマイクロホンをステレオ式に用いたA-tagを使い，ネズミイルカ科とマイルカ科の鳴き声について，誤検出率の少ない簡便な種識別方法を提案している（**図4.1**）。マイルカ科のクリック音は広帯域だが，ネズミイルカ科の音声はほとんどの周波数成分が100 kHzを超える高周波狭帯域であるため，簡単な帯域強度比較で両科を音響的に分けることができる。

ただし，クリック音だけで同じ科に属す種の同定は難しい。Rochら[4]は，南カリフォルニアで取得された音響データから6種類の鯨類の鳴き声の分類を試みているが，エコーロケーション音だけでは種の識別が難しいと報告している。例えば，ハセイルカとハンドウイルカでは50～60%の誤識別を伴った。

† http://dosits.org/

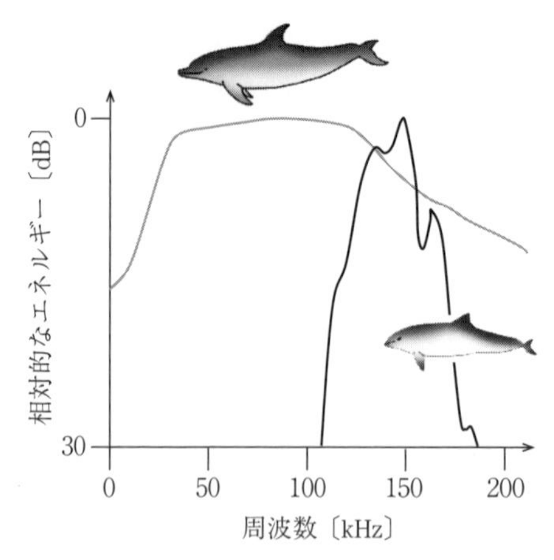

マイルカ科（細線）は広い周波数帯域にエネルギーをもつが，ネズミイルカ科（太線）は高周波にエネルギーが偏るため，高低の簡単な帯域強度比較から科を識別可能である。マイルカ科は文献5)，ネズミイルカ科は文献6）をもとに作図。

図 4.1　イルカ類の科レベルでのクリック音の違い

人間の音声認識も同様だが，正解がわかっている多数のデータセットが整備されれば，識別確率は上がっていくだろう。

ただし，ネズミイルカ科は種類も少なく種ごとの生息域があまり重複しないことが種判別の助けとなる。例えば，日本近海で見られるネズミイルカ科のイルカは，ネズミイルカ，スナメリ，イシイルカと 3 種類いるが，それぞれ分布が異なる。冷水沿岸域（ネズミイルカ），温暖沿岸域（スナメリ），冷水外洋域（イシイルカ）と分かれている。よって，Kameyama ら[3)]のシンプルな手法だけでも，日本近海のネズミイルカ科はほぼ種レベルの分類ができる。

4.1.2　個体群の識別

同じ種でも，互いにあまり交わることがなく，生息域の異なるいくつかの群れに分かれていることがある。それらを個体群と呼ぶ。種だけでなく，個体群ごとに使用する音が異なる場合，音響観測によってこれを識別できる。

カナダ東部のナガスクジラは，水域ごとにコール音の発声間隔が大きく異なり，長期にわたって水域ごとに安定的であることも明らかになっている[7)]。音響的に識別された個体群は，写真による個体識別や生化学的手法などとも結果が一致しており，音響観測によって個体群の保全管理が可能ではないかと示唆されている。

また，ナガスクジラの北西大西洋と地中海の個体群でも鳴き声の周波数帯域幅や継続時間などが明瞭に異なる。この特徴を利用し，北西大西洋個体群が冬になると地中海南西部まで侵入してくることが明らかになっている[8)]。

シャチは食べる餌の種類によって音を発する頻度や特性が異なる[9),10)]。北東太平洋に生息する海生哺乳類を捕食するグループは聴力が鋭く，自らはエコーロケーション音もコミュニケーションのコール音もほとんど出さない。ときどき発するコール音は個体群内で型が共有されている。一方，同所に生息する魚食性のシャチは，エコーロケーション音やコール音を頻繁に発する。Barrett-Lennardら[9)]によると，魚食性シャチは観察時間中の約4%の時間にエコーロケーション音を発しており，これは平均12時間の間隔で1音か2音だけエコーロケーション音を発する海生哺乳類食性シャチの27倍に相当する。また，魚食性シャチの鳴き声の継続時間は7秒と海生哺乳類食性シャチより2倍程度長い。

エコーロケーション音は周波数が高く，多くの魚類は聞くことができない。これは魚を食べるシャチにとっては都合がよい。一方，海生哺乳類は高い周波数の音も聞こえるので，海生哺乳類を食べるシャチは発声を少なくして餌に気付かれるのを避けていると考えられている。実際に，シャチの餌となるゼニガタアザラシは，自分が聞いたことのある海生哺乳類食のシャチの鳴き声だけに反応して逃避行動をとり，魚食性シャチの鳴き声には反応せず，未知なタイプのシャチの鳴き声には一定の警戒を見せるだけである[11)]。海生哺乳類食のシャチは，獲物の捕獲に成功した後に発声量を増やすという報告もこのことを裏付けている[10)]。

魚食性，哺乳類食性の差だけでなく，魚食性のシャチのなかでも鳴き声に違いがある。シャチはポッドと呼ばれる母系社会集団が大きな群れのなかにいくつかあるが，ポッドのなかで共有する鳴き声（コール）の型がポッド間で異なっており，時とともにコール型が変化する[12)〜14)]。また，自分のコールのパターンを他個体のパターンに合わせて鳴き交わす[15)]。このメリットは，同じ信号をやり取りすることで伝搬による信号の劣化度合いがわかり，互いに相手との距離や方角がわかるようになることである[16),17)]。

マッコウクジラでも雌と仔がつくる社会集団ごとに鳴き声が異なる。1985年から2000年までに東太平洋およびカリブ海で録音されたコーダと呼ばれるコミュニケーション音を分類すると，64の社会集団は6タイプに分かれ，音響的な「家系図」が見えてきた[18)]。同じコーダを使うクジラは数千km離れていることもあったが，他の系統のクジラと比べると近いところに分布する。一方で，違う系統どうしが同所に分布することもあり，遺伝子や分布の地理的特性だけでなく，鳴き声や文化に注目することも個体群の保全管理において重要

コラム13

イルカと魚の軍拡競争

暗号をつくる側とこれを解読する側，ミサイルを発射する側と打ち落とす側，潜水艦を探知する側と静かにして探知されないようにする側で，人間は相いも変わらず軍拡競争を繰り広げている。これにより互いの進歩が促されるが，生物学分野においてもよく似た現象がある。複数の生物において他の生物の状態が互いに淘汰圧になって両方に進化が起こるのである。これは専門用語で共進化と呼ばれる。

ハクジラは音を出して魚やイカなどを検知するが，逆に魚やイカが，ハクジラが餌探索に使うクリック音を聞いて捕食者を回避しているかどうかに関してはいまだに議論が続いている。アメリカンシャッドというニシンダマシの仲間は，超音波を聴くことができる[19)～21)]。タイセイヨウダラも超音波聴覚をもっており[22)]，パルス音の長短を識別するとの報告もある[23)]。しかし，実際に行動を観察してみると，彼らが強い超音波刺激に対して何の反応も示さなかったという研究もある[24)]。また，Wilsonら[25)]の研究によれば，アリスシャッドという魚にハクジラの鳴き声に似せた超音波を曝露させると明瞭な逃避行動が見られた。彼らの研究では，ハクジラが摂餌直前に出す反復率の高い音のほうが，魚の反応が高いとしている。また，頭足類において，その聴力は水の振動の感知には優れているが，音の圧力は感受しないので[26)]，ハクジラの鳴き声は検出できないという説がある。

魚とイルカは，潜水艦とその探知網のような軍拡競争を行ってきたのだろうか。現在は鯨類で音響研究が進んでいるが，今後その餌生物である魚類や頭足類の聴覚研究が進めば，海のなかにおける音をめぐる共進化についても明らかになっていくだろう。

になってくるのかもしれない。

なお，日本近海でも，熊野灘沖と小笠原諸島周辺海域でマッコウクジラのコーダが異なっている[27]。潜水行動の日周性なども違うことから[28]，二つの海域のマッコウクジラは別々の社会集団を形成すると考えられている。マッコウクジラは鳴き声そのものの音響特性よりも，音の間隔を変化させてコミュニケーションをとる。カスタネットを叩くようなイメージである。熊野灘より小笠原周辺海域のマッコウクジラのほうが，音の間隔が長いようだ[27]。

4.1.3　個　体　識　別

受動的音響観測により音声だけで個体を特定することは，普通はできない。人間の声紋のような，各個体の音声の癖をデータベースにしておけば，技術的には不可能ではないかもしれない。しかし，野生の生き物ではその海域にいる個体すべての音声の特徴をあらかじめ知るのはほぼ不可能である。

ただし，第1章でも触れたように，イルカは個体に独特の音声をもっているといわれている。1960年代より，ハンドウイルカは個体ごとに特徴のあるシグネチャーホイッスルという音を発することが知られてきた[29),30]。雌のハンドウイルカにおいて，12年間同じスペクトログラムのホイッスルを利用していたため，まるで私たちが用いるサインのように，個体ごとに異なる名前のような鳴き声があるのではないかと考えられている[31]。

しかしながら，イルカは音声学習をする動物である[32]。シグネチャーホイッスルも模倣するという報告もあり[33]，名前のように個体ごとに鳴き声の型が決まっているのか，レパートリーを共有しているだけなのかいまだわかっておらず，現在のところ音響観測によって鳴き声から逆に個体を識別するには至っていない。

複数のグループが遭遇したり群れに参加したりする場合にシグネチャーホイッスルを交わすという報告もある[31]。名古屋港水族館においても，ベルーガがある固有の鳴き声を鳴き交わしており，1秒以内に相手からの返信がない場合は，さらにその鳴き声を繰り返して反応を見ることが明らかになった[34]。いずれの場合も，個体間のコミュニケーションのためにシグネチャーホイッスルを鳴き交わすのは間違いない。

4.1.4 音 声 発 達

イルカは生まれた直後から音声を学びはじめ，そのパターンが変化しながら徐々に固定されていく。1951 年，McBride と Kritzler[35]は，世界で初めてハンドウイルカ新生児のホイッスルを産まれた直後から記録した。その後に行われたいくつかの研究成果をまとめると，ホイッスル音は誕生時すでに発声可能であるが，新生児の音声は雄雌差や季節性もなく，特定部分を何度も繰り返すことはほとんどない[36]。周波数変調や継続時間は生後時間が経つにつれて大きく，長くなり，シグネチャーホイッスルのような比較的複雑な音は生後 1 年で完成する。仔の発音器官の成熟と音声学習の双方の効果によって，生後すぐのシンプルな音からより複雑な発音が可能になると考えられている[37]。

Morisaka ら[38]は，須磨水族園で誕生した 2 頭のハンドウイルカの音を録音し，生後 1.5 時間で最初の発声があり，時間を経るにつれてホイッスルが長くなったと報告している。また，この 2 頭はホイッスルやバーストパルスの特徴や発声割合が異なっており，こうした特徴の差によって母親が自分の仔の認識率を上げているのではないかと推測している。ハンドウイルカの仔は，母親からの距離が離れるほどシグネチャーホイッスルの発声頻度を増す[39]。また，ハンドウイルカの雌の仔はシグネチャーホイッスルが母親とは異なり，雄は母親と近い音を発するという性別による違いが報告されている[40]。

1980 年代のある年，アメリカ・サンディエゴのシーワールドで飼育されていたシャチが赤ちゃんを生んだ[41]。お母さんはアイスランドからやってきた個体で，決まったタイプの鳴き声を発した。お父さんはワシントン州で 1976 年に捕獲された。先述したように，シャチはそれぞれの個体群ごとに特徴的なコールのタイプをもっている。生後すぐの赤ちゃんのコールは父にも母にも似ていなかった。ところが 8 か月後には，大人の発するクリック音に似た音を出した。1 年後には 13 のコールタイプのうち四つを出すことができるようになった。赤ちゃんは選択的に母親のコールタイプを学習していた。歌鳥で見られる音声の学習と固定化が，シャチでも起こっていることを示唆する結果であった。

コミュニケーション機能のあるホイッスルやコールではなく，エコーロケーション音はどうなのだろうか？元来，ホイッスルを発しないスナメリの音声発達を観察すると，生後22日でクリック音を発した[42]。この頃のクリック音の特性は，すでに成熟個体が発するものとよく似ていた。ただし反復率や持続時間は短く，日を重ねるごとに音は長く複雑になっていった。水中マイクロホンに頭を向けて対象を走査するような行動は，しばらく経ってから観察されるようになった。

4.1.5 位置の計測

動物が発する音の特性や行動を調べる研究において，音源，つまり発声個体の位置を測位して追跡することが重要になる。第3章では，二つの水中マイクロホンを備えた機材で相対方位を計算し，必要最低限の個体分離を行う手法について述べたが，少なくとも三つの水中マイクロホンを使えば，相対的な方位だけでなく動物の平面上での位置を推定できる。この場合，すべての水中マイクロホンにつながる録音装置の時刻が正確に同期していることが前提である。

ある音源から発せられた音が互いに離れた複数の水中マイクロホンに届くとき，受信時刻には時間差が生じる。この時間差に水中音速を掛けると音源からそれぞれの水中マイクロホンまでの距離の差となる。2地点（水中マイクロホン）からの距離の差が等しい点の集合は式（4.1）で示す双曲線であり，音源はこの双曲線上のどこかに位置するはずである[43]。

$$x = c \cdot \tau \cdot \sqrt{\frac{1}{4} + \frac{y^2}{d^2 - c^2 \cdot \tau^2}} \tag{4.1}$$

ここで，cは音速，τは時間差，dは水中マイクロホン間の距離である。三つの水中マイクロホンのうちの二つを選ぶ組合せは3通りあるため，双曲線は三つ得られる。すべての双曲線の方程式を連立して解き，交点を算出すれば音源の位置を推定できる。実際には測位誤差が生じるので三つの曲線に囲まれた

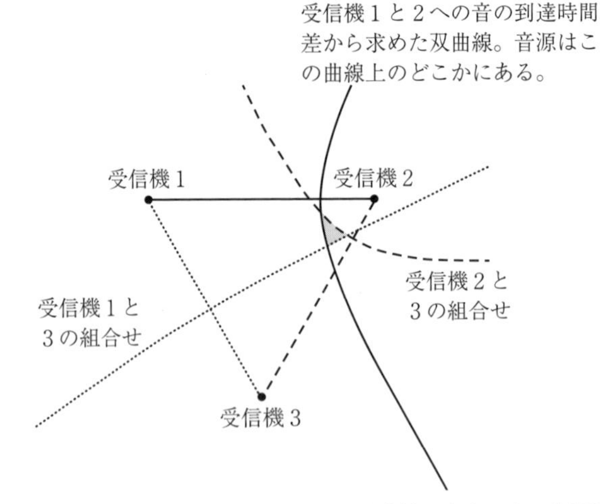

ある音が二つの受信機に録音されると，音源は一つの双曲線周辺のどこかに位置する。受信機1と2，2と3，3と1の組合せそれぞれの時差を計測し，得られた三つの双曲線で囲まれる灰色部分に音源がある。双曲線で囲まれる部分の面積の大きさが測位誤差となるが，条件によってはおよそ1 m²まで小さくなる。

図4.2　双曲線の交点による音源測位の例

部分のどこかに音源があると推定される（**図4.2**）。この測位手法は生物の鳴き声だけでなく，超音波発信機を使ったバイオテレメトリーでも広く適用されている[44]。

式（4.1）で代入する変数の音速 c とマイク間距離 d と時間差 τ のうち，音速とマイク間距離は短距離で定点型観測の場合，固定値である。すなわち，音源位置（x, y）の測位精度は時間差 τ をどれだけ正確に計測するかにかかっている。

より簡易な方法として，十分遠方にある音源からの音波を平面波と仮定して双曲線ではなく直線に近似する方法もある[45),46]。この方法は特に，マイクロホン間の距離が対象までの距離に比べ短いときに有効である。対象となる生物を囲むように複数の水中マイクロホンが配置されていると測位精度が上がるが，実際の調査現場では相手の生物がどこにいるかわからず，マイクロホンの設置場所も自由に選べないことも多い。そこで，1点からでも方位がわかるステレオ装置を複数配置して位置計測をする手法もよく用いられる。特に動物が浅い海にいる場合，深さ方向を考慮する必要がないので，二次元平面上での位置を求めればよい。

これまで紹介してきたAUSOMSシリーズやA-tagは，ステレオ方式（一つの機材にマイクが二つ標準装備されている）であるため単独で音源方位を計測できる。複数のステレオ機材を十分に離して使えば，音源方位の交点から音源の相対位置を算出することができる。例えば，ロープにステレオセンサーを二つ付ければ，船から曳航するだけでも相対的な位置を求めることができる。ただし，船の左右どちらかはわからない（**図4.3**）。

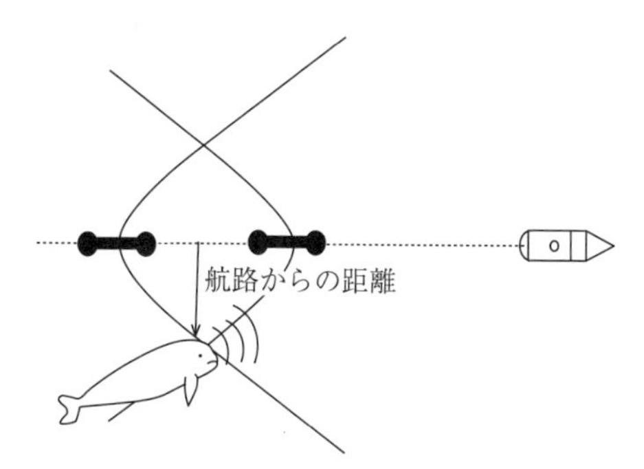

船舶からステレオ機材を二つ曳航して発声個体の相対位置を求める。一つの機材から方位を求めることができるので，得られた二つの方位線の交点をイルカの位置とし，航路からの垂直距離を求めることができる。

図4.3 ステレオ式機材を用いた発声個体の相対位置の求め方

Liら[47]は，自船の航行やそれに伴う雑音がスナメリの行動に影響するのではないかと仮説を立て，A-tagを二つ（つまりマイクは四つ）使って航路上からのスナメリの距離分布を測った。船舶の影響がまったくなければ，航路に近いほどスナメリが確実に検知できるはずである。仮に音源音圧レベルが同じであれば，航路から離れるほど，受信音圧レベルが小さくなり検出できにくくなるからである。しかし結果は，航路上から50 m以内のところでは検出が少なく，少し離れたところで検出が多くかった。この論文では，スナメリは船舶に対して逃避行動をとるのではないかと述べられている。

4.1.6 行動の識別

前項では音で発声個体の位置を調べる事例を紹介したが，最近では音から生物の行動を推測することもできるようになった。バイオロギング技術などの発展により，特定の行動と音の結び付きが明らかになるにつれ，逆に音から動物がそこで「何を」していたかわかるようになってきた。

例えば，第2章のバイオロギングで紹介したように，アカボウクジラやネズミイルカなどのハクジラ類は，エコーロケーションの通常探索音と摂餌直前音が異なることがわかっている。アカボウクジラのような大型ハクジラは明瞭に異なる2種類の音を出す（図2.5参照)。小型ハクジラのイルカも，摂餌直前になると発声間隔や音の大きさを変化させる接近フェーズと呼ばれる音を発する（**図4.4**)。短い発声間隔は短距離の探索を示唆している。つまり，受動的音響観測機器で，音圧が低くて反復率の高い特徴をもつバズ音やエコーロケーションの接近フェーズ音が録れれば，クジラやイルカが餌を捕っている指標になる。ただし，この音はあくまでも「動物が摂餌を試みた」という指標であり，実際に餌捕りが成功したか否かはわからない。

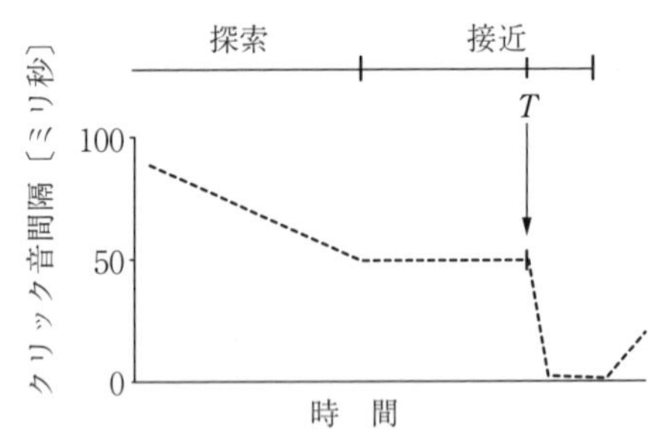

アカボウクジラの仲間とは異なり，探索中に対象に近づくにつれ徐々にクリック音間隔が短くなっていく。ある距離（T）になると音間隔が急激に短くなり，接近の最終フェーズとなる。この音は，餌探索行動の指標となる。

図4.4　ネズミイルカの餌への接近時間の経過に対するクリック音間隔の変化の模式図（文献49）を参考に描いた)

ヒゲクジラが繁殖水域で発する鳴き声（第1章）も非常に特徴的であり，繁殖行動の指標として有用である。ジュゴンの鳴き声（第1章）やマッコウクジラのコーダ音（第2章）は，個体間コミュニケーションの指標として有用だろう。また，ハンドウイルカでは，ホイッスルの音響特性が行動を反映するということもわかってきた[48)]。

ある音が特定の行動に結び付いていることがわかれば，逆に音からその個体の行動を推測できる。行動と音の関係を明らかにすることで，音響観測手法は適用範囲がさらに拡がるだろう。

4.1.7 雑音環境への適応

うるさいところで声を大きくしてしゃべったり，聞こえにくいところで注意深く耳を傾けたりするのは，私たちもよく行っている。同じように音環境に適応して音声を変化させる例がイルカにも見られる。

浮きをつなげたカーテンを水中の餌の後ろに設置した際の音響探査行動が調べられた[50]。浮きは空気を含むため水中ではソナー音をよく反射するので，イルカにとっては目立ちやすい。浮きのカーテンがなければ十分遠方まで探索するが，あるときはカーテンを集中的に探索するため，探索距離が短くなっている（**図 4.5**）。一方，最終フェーズにおけるクリック音間隔は浮きのカーテンを設置したときのほうが逆に長く，この最終フェーズでは，餌とカーテン両方からの反射音を聴いて両者の相対位置を判断していると考えられる。対象だけが見えるときと，背後にいろいろなものがあるときは，人間の視覚も注意力の配分が異なる。イルカの音響探索もこれに似ている。

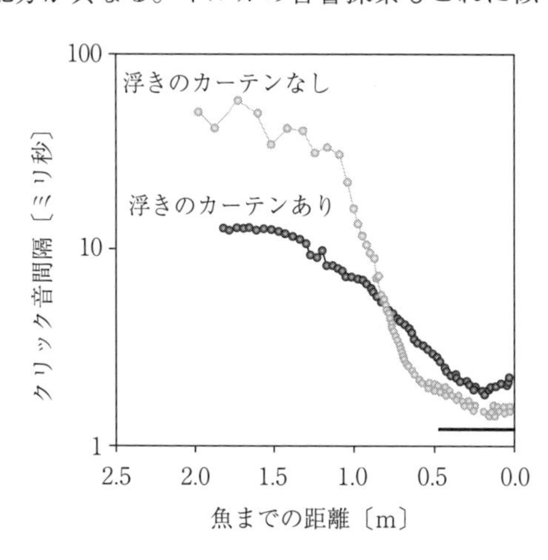

浮きのカーテンがあるときのほうが，黒い横線で示した最終フェーズのクリック音間隔が長く，餌と背後の浮きのカーテンを音で見ていることがわかる。

図 4.5　餌の背後に浮きのカーテンがあるときとないときの接近フェーズにおけるクリック音間隔[50]

また，うるさい環境では出す音を大きくするという報告もある[51]。デンマークで船舶の輻輳海域で録音されたエコーロケーション音は，静かな海域の音より 10 ～ 15 dB 程度大きかった（**図 4.6**）。飼育下では静かな海域からさらに 10 ～ 15 dB 小さい音しか発しない。

イルカのコミュニケーションに使われるホイッスルも，うるさい場所と静か

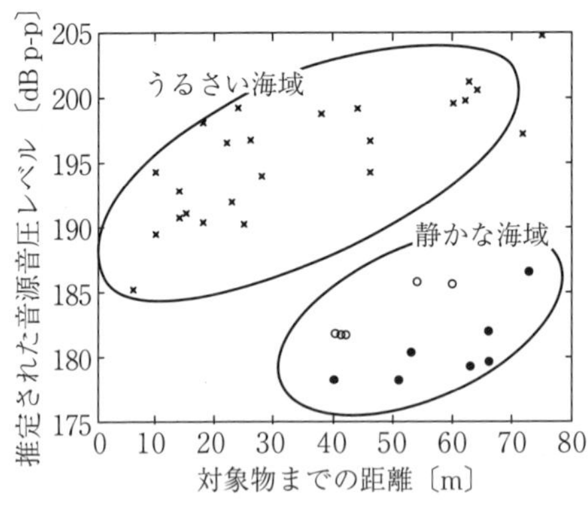

エコーロケーションのクリック音の音源音圧レベルはうるさい海域ほど大きくなる。音源音圧レベルが対象物体までの距離に応じて大きくなることは知られていたが，同じ探索距離でもうるさい海域ほど音源音圧レベルが大きい。背景雑音のマスキングの影響のため，大きな音で探索しないと十分な反射音が得られないためであると考えられる。

図 4.6　クリック音の音源音圧レベルの海域による違い[51]

な場所では違ってくる。日本の天草，小笠原諸島，御蔵島の 3 か所でミナミハンドウイルカのホイッスル音を録音した結果，テッポウエビが出すパチパチとした天ぷら雑音で背景雑音レベルが高い天草では，他の水域に比べて周波数変調の少ない単調な音を発していた[52]。複数の船が周囲に存在するときには，少し高めの周波数で変調を大きくした長いホイッスルを出すとの報告もある[53]。

4.1.8　種　　分　　化

声の違いは，生き物の進化の過程を反映しているかもしれない。イルカのなかでも科によってエコーロケーションのクリック音が異なることを 4.1.1 項で述べた。図 4.1 で示したように，マイルカ科とネズミイルカ科では音の特性が異なる。ただし，マイルカ科のなかでもセッパリイルカ属に分類されるイルカのクリック音はネズミイルカ科に近いことがわかっている。

さらに，近年分類の問題となっているのがマイルカ科カマイルカ属のイルカである。カマイルカとハラジロイルカも加えた計 4 種をセッパリイルカ属の姉妹群として分類すべきとする説（**図 4.7**（a）），カマイルカ属 6 種のうちミナミカマイルカとダンダラカマイルカの 2 種はセッパリイルカ属に入れるとする説（図 4.7（b）），ミナミカマイルカとダンダラカマイルカの 2 種のみで姉妹群を構成するとする説（図 4.7（c））など，複数が提唱されている。

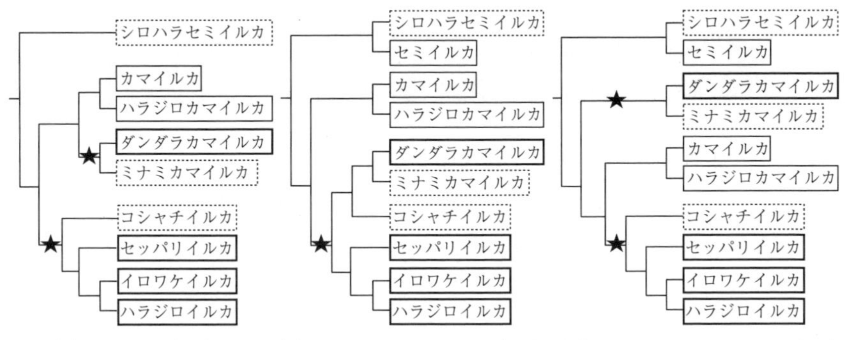

種名を囲む分岐図には音響学的な特徴を加えてあり，太い輪郭線はネズミイルカ科とセッパリイルカ属に典型的な狭帯域クリック音を発する種，細い輪郭線はマイルカ科と同じ広帯域クリック音を発する種，破線はクリック音に関する直接的な証拠がない種。★印の時点で狭帯域音が出現したと考えられる。音声進化に関しては（b）の仮説が合理的に見える。

図 4.7　遺伝学的研究に基づくセミイルカ属，カマイルカ属とセッパリイルカ属の分岐図に関する三つの仮説（文献 54））

これらの遺伝学的知見のみでは異なる解が出てしまうが，これに音響学的研究結果を重ねると非常に興味深いことが見えてくる（図 4.7）。カマイルカ属のなかでも，カマイルカとハラジロカマイルカはマイルカ科のような広帯域クリック音を発し，ダンダラカマイルカはネズミイルカ科やセッパリイルカ属に近い狭帯域のクリック音を発する[54]。図 4.7（b）に示す May-Collado と Agnarsson[55]が提唱する説では狭帯域クリック音の進化がマイルカ科の進化のなかで一度だけ生じたことになるが，他の説では同一の進化が複数回生じたことになる。音声の進化という観点から分岐図を見ると（b）の仮説が合理的なシナリオのように思われる。

遺伝学的研究もさることながら，外洋性が強かったり個体数が少なかったりさまざまな理由で音響学的に未確認な種もいるため，分類改定にはさらなる研究が必須である。国際海産哺乳類学会の分類学委員会でも，「カマイルカ属は形態学的に収斂した多系統群を含むと考えられるが，分類改定に関して合意に至っていないため，暫定的に過去カマイルカ属とされていた種はそのままカマイルカ属と記す」としている。

4.2 どのくらいいるか

4.2.1 生き物の数え方：Distance sampling

ある動物が，日本に何頭いるか。誰でも尋ねたくなるこの単純な質問に，正確に答えられないのは研究者としてとても歯がゆい。しかし，海でイルカやクジラをご覧になったことがあれば，それが言うほど簡単ではないことは想像に難くないだろう。

野生生物のすべてを観察できるわけではない。見逃しもあれば，水中に潜っていたり遠すぎたりしてそもそも見えないこともある。しかし，どのくらいいるか？という基本的な情報は保全や資源管理で非常に重要であり，研究者は知恵を絞って個体数を推定する方法をあみ出してきた。

従来用いられてきた資源量推定法では，ある定点か調査線の上で目視観察をして，発見した群れ数，群れサイズ，船からの角度と距離を記録し，目視者からの距離に依存する発見確率を勘案して統計的に個体数を推定する方法が採用されてきた。これを Distance sampling と呼ぶ。Buckland ら[56),57)]はその代表的な教科書を執筆している。なお，生物の数のことを資源量と呼ぶことに工学分野の方々は抵抗があるかもしれないが，海の恵みを食料資源としてとらえてきた水産学ではごく普通に使われている言葉である。

4.2.2 移動しながら個体を数える：ライントランセクト法

浮上を確認できる鯨類の目視調査にはライントランセクト法が用いられることが多い[58)]。ライントランセクト法では，対象となる動物の生息域にあらかじめ調査線を設定し，その上を船舶やセスナ機などで走査し，発見されたときの動物までの角度と距離を記録する。この調査線は，動物の生息密度が高い場所と低い場所のそれぞれを均等にカバーするように配置しなければならない。

この手法を使うにあたっては，ほかにもいくつかの重要な条件がある。例えば，調査線上の動物は必ず発見されること（調査線上の動物の発見確率 $g(0)$

が1を満たすこと)，観察者（船やセスナ機）に反応して動物が動いてしまう前の最初の位置で発見されなければならないこと，発見した動物までの距離は正確に測定されること，などである。

これらの基本的な条件を聞いただけで，野外観察でこれを完璧に満たすのはなかなか難しいと感じられるだろう。鯨類を肉眼あるいは双眼鏡で発見できるのは呼吸で浮上したときだけで，発見率は天候や明るさや，見ている人の熟練度・集中力・疲労度も影響する。クジラが潜ってしまえば，見つけることはほぼ不可能なので，特に調査線上で100% 発見できるという $g(0)=1$ の条件を満たすのは難しそうである。このような問題に対しては，統計的なアプローチで推定値を補正しようという手法がいくつか提案されている。例えば，Okamura ら[59),60)]は，潜水時間の長いマッコウクジラやアカボウクジラのために，潜水行動を盛り込んで個体数を推定するためのモデルを用いている。

もし目視調査による Distance sampling と同じことを音響手法でできれば，熟練度・疲労度などを加味する必要はなく，検出力を等しくすることができる（音響機材は電池が消耗すると使えなくなるが，検出力は1が0に変わるのみである)。Akamatsu ら[61)]は，まず，調査線上での発見確率補正にも使われてきた標識再捕法（mark-recapture, capture-recapture などと呼ばれる）を音響手法に応用した。標識再捕とは，捕獲した生物に標識を付けて海に放し，十分に野外の個体群と混じったところで生物の再捕獲を試み，標識が付いた個体の割合を数える方法である。再補した際の標識個体の割合が小さければ小さいほど，全資源量は大きい。なぜなら，全資源量が大きいほど標識が付いた個体は付いていない個体に「薄められる」ためである。逆にもし，すべての再捕個体に標識が付いていたら，まったく薄まっておらず，おそらく資源量はきわめて限られており全個体を毎回捕獲していることになる。

標識再捕法の検討には，まず3.3.2項で紹介した，中国揚子江での淡水性スナメリの調査データが使用された。2006年，ヨウスコウスナメリの生息域である三峡ダム下流の宜昌（ぎしょう）から上海までを約1 700 km 下り，音響と目視でスナメリを数えた。その際，音響と目視という二つの手法を用いて確認された個体が同じものかどうか，つまり目視で見えたものが音でも「再捕」されたかどうかを，一定時間以内（時間窓と定義）に確認された場合に再捕と定義した。先述の薄まり具合を見積もって，見逃した個体数も含むすべての個体の計数を試みた。本手法は，インドのガンジス川に生息するガンジスカワイルカ[62]にも適用され，事前に正解のわかっている限られた区間のイルカの頭数を1割以内の誤差で推定できた。

4.2.3　定点から個体数密度を推定する：ポイントトランセクト法

ここまで，曳航式のデータをもとにした標識再捕法による個体数推定手法を紹介したが，3.2節で紹介したように，音響観測手法では定点式の適用が最も多い。Distance samplingでは，定点で観測したデータを使って個体数密度を推定するにはポイントトランセクト法を用いる。本項ではポイントトランセクトを音響データに適用した例を見てみよう。

受動的音響観測手法では，対象種の音が受信できれば存在証明は容易である。一方で，不在証明は難しい。音が受信できなかった場合に，動物が検出範囲にいなかったのか（不在），存在したが音を出していなかったのか（無発声），音が小さすぎて正しく録音できなかっただけなのか（非検出），わからない。鳴かない個体を含めて定点式音響観測で数えることは一見不可能に思われる。しかし個体ごとの声を発する頻度がわかれば，これをもとに見逃し率を算定し，実際にいたはずの個体数を推定できる。

この推定には，第2章で紹介した音響バイオロギングの結果が役立つ。対象生物がどのくらいの頻度で鳴いたか直接わかるからである。受動的音響観測の最大の弱点である不在証明ができないことを，ある程度補完できる。キジも鳴かずば撃たれまいというのは確かにそのとおりだが，鳴く頻度やその声の性質がわかれば，鳴かない個体がどのくらいいるのかがわかるようになる。

注意しなければならないのは，発声頻度は，発声個体の位置（距離），生息環境，個体差，それらの季節的・行動的・文脈的変化などに影響を受けること，さらに指向性や雑音などの影響も大きいことである[63]。このような状況は，多くの海洋生物資源調査にも当てはまる。網で直接捕獲したり，ビデオカメラで映像を確認したりして，得られたサンプル数から現存資源量を求める場合，どのような観察手法でも見逃し率や対象による偏差が伴うため，これを補正しなければならない。定量的な観察手法とするためには，こうしたバイアスを取り除く地道なデータの蓄積が必要であり，この事情は観察手段によらない。

面積 a の範囲で，ある動物が n 個体観測されたら，個体数密度 D は n/a である。もしその動物 1 個体が観測時間内に検出される確率が P だったとすると，その密度は

$$D=\frac{n}{aP} \tag{4.2}$$

と推定される。これがポイントトランセクト法の基礎である。

くせ者は P である。もともと見えにくい動物がどのくらいの頻度で浮上したりどのくらいの大きさで声を出したりしているかわからなければ，検出確率の算定は無理である。これに対し，Marques ら[64]は，音響データロガー DTAG を装着したコブハクジラと海底に設置した 82 個の水中マイクロホンを利用して，実際に出された音と受信できた音を比較することで，海底でのエコーロケーション音の検出確率関数 P を推定し，個体数密度を推定している。その推定式は

$$D=\frac{N(1-f)/Tr}{(\pi\omega^2K)P} \tag{4.3}$$

で表される。複雑に見えるが，基本は式（4.2）と同じである。

まず分子にあたる部分から説明しよう。N は検出された音の数である。個体が 1 頭でも声はたくさん出しているので，N は実際に存在している動物の数に比べ大きくなる。式（4.3）で考慮していなかったのが，分子に含まれている誤検出率 f である。検出装置やソフトウェアは万能ではないので，ある一定の割合 f で雑音を対象の生物音と判定してしまう。この f を求めるには別途実験を行うかシミュレーションを行い，その分を差し引いて補正する。先に述べた

DTAGのデータから算出した単位時間当りの発声頻度rから，1個体が時間T内に発するはずの音の総数Trが得られる。検出できる発声の総数（$N(1-f)$）を単位個体の発声回数（Tr）で割ることで式（4.2）の検出個体数nに相当する数値が得られる。

そのつぎは分母であるが，いちばん厄介なPは上述のとおりすでに求まっている。式（4.2）の調査水域aは，式（4.3）ではK本の水中マイクロホンが収音する面積$\pi\omega^2K$に相当する。ここで，半径ωは一つの水中マイクロホンでコブハクジラの鳴き声が検出される最大距離8 kmを想定している。

これでようやく，式（4.2）と対応する音響ポイントトランセクトの密度推定式ができた。

このようなポイントトランセクト法を適用した事例は近年顕著に増加しており，2012年頃までの研究はMarquesら[65]のレビューによくまとめられている。用いる機材，対象音など個別の事情によりさまざまな式が想定されるが，通常，音響的密度推定においては以下の手順が踏まれる。

① 密度推定に使える対象音および機器の決定

② 受信可能範囲aの決定（これは，推定音源音圧レベルと受信機感度および背景雑音レベルから求まる）

③ 対象域における音の受信数Nの観測

④ 検出確率Pの決定

⑤ 誤検出率fの推定

⑥ 発声頻度rの計測か推定

f，P，rは，モデルから推定したり他の調査から得たデータを外挿したりするよりも，Nを得たのと同じ水域で，同じ時期（同じ調査）に同じ生物から得ることが望ましい。しかしその達成は難しい場合が多く，外挿やモデリングを使って推定した値を代用することもある。

4.2.4 モデルによる個体数密度推定

調査地点から動物までの距離を計測できれば，距離ごとの検出確率を算出し，個体数密度を推定することができる。しかし，もし距離が測れなかったとしても，密度を推定する手法がないわけではない。

音響観測機器は物理法則に基づいて音を機械的に検出するため，鳴き声の特性がきちんとわかっていれば個体数密度を推定することができる[66]。例えば，Kimura ら[67]は，スナメリの鳴き声の音圧分布と伝搬減衰式から，対象音を検出できる割合を距離ごとに算出し，さらに音源の指向性を加味することで音声の検出確率を推定し，個体密度の計算を行っている。

このモデルでは，発声頻度 r が推定値に大きく効いてくる。頻繁に鳴く生物の音はたくさん録れるが，稀にしか鳴かない生物の観測音数は当然少なくなる。2.4.2 項で紹介したように，スナメリの場合，実際にはエコーロケーション音の発声頻度が個体によって大きく異なり，時間によっても変動する。これによって密度推定値の変動係数（値のばらつき具合）が大きくなってしまう。発声頻度により推定値の変動係数が大きくなる問題については Marques ら[65]も指摘している。

Douglas ら[68]は，蓄積されたマッコウクジラのバイオロギングのデータから発声頻度を見積もっている。クジラが 1 頭で遊泳しているときに水中マイクロホンを垂下して合計 9 個体のデータを取得し，3 潜水した 3 個体の発声頻度を調べたところ，平均 1.272 クリック音 / 秒と推定された。当初，この発声頻度を算出することで，クリック音の数から個体数推定ができるのではと期待を寄せていた。しかしながら，先行研究などと比較してみると，マッコウクジラの発声頻度は地域，年齢，性別などで異なる。子育て中の雌の群れを調べてみると，1 日のなかでも時間帯によって発声頻度が異なるという報告もある[69]。また，第 2 章で紹介したように，潜水深度によっても発声頻度が異なるようである[70]。同様に，Jones と Sayigh[71]は，ハンドウイルカの発声行動が地域で差があると報告している。生息域をどのように利用しているかによって発声頻度が変わると予想され，例えば摂餌だと発声が多くなる，休息に利用している水域では発声が少なくなるなどの影響があると考えられる。

個体数を推定する場合，対象となる水域で発声頻度や群れサイズ効果などのパラメータを得ることが望ましい。発声頻度の影響を抑える特効薬はないが，比較的長時間の平均値をとることで推定値も安定してくる。定点式の観測であれば1週間程度の平均区間を設けることは難しくない。こうしてデータ数が増えると，個体の個性などはある程度平均化される。

たくさんの仲間がエコーロケーションをしてくれていれば，エコーを傍受することで，自分はそんなに頻繁に声を出さなくても済むかもしれない。これがいわゆる発声頻度の群れサイズ効果で，推定値に影響する可能性がある。だが，Kimuraら[72]では，群れサイズによってスナメリの発声頻度が大きく変化することはなかった（**図4.8**）。長めの平均時間を採用すると，群れサイズと鳴き声の検出数の比例関係が強かった。つまり，2頭いれば2倍，3頭いれば3倍の受信があることを示しており，仲間のエコーロケーションによって怠けている様子はうかがえなかった。

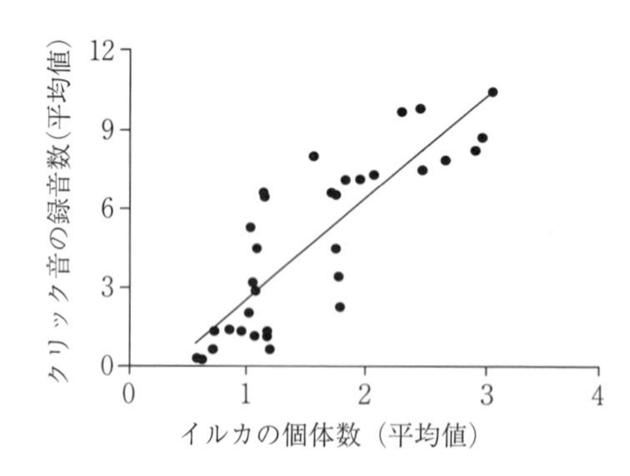

音源分離法を用いて独立音源を実際に計測して算出し，1分当りで平均したイルカの数と，同じ時間で受信されたクリック音の数はよい比例関係にある。つまり，音の数を存在している動物の数の指標として使うことができると考えられる。

図4.8　音源分離法を用いて計測したイルカの個体数とクリック音の数[72]

ただし，これは必ずしも鯨類全般にいえることではないらしい。マッコウクジラは行動や群れサイズによってクリック音の発声頻度を変える[73]。シャチのエコーロケーション頻度は[74]，群れサイズの増加に伴って下がると報告されている。シワハイルカが同調遊泳をしているときに録音できる鳴き声の数が減るという報告もある[75]。

以上のように，音響観測手法を使って，動物の存在だけでなく，何頭いたかまでわかるようになってきた。直接計数からモデルによる推定まで，精度と簡便さに差はあるものの，保全，資源管理，環境影響評価などにおいて重要な定量的な密度推定が可能になってきた。比較的少ない人員数で調査を行える音響手法は，鳴き声を発する生物の個体数推定に有用であるといえるだろう。今後，海洋生物のモニタリングも，何らかの機器を設置あるいは曳航するだけで自動的に実施できるようになるかもしれない。

引用・参考文献

1）Rankin, S., and J. Barlow：Source of the North Pacific “boing” sound attributed to minke whales, The Journal of the Acoustical Society of America, **118**, 5, pp. 3346–3351（2005）

2）Gillespie, D., et al.：Automatic detection and classification of odontocete whistles a, The Journal of the Acoustical Society of America, **134**, 3, pp. 2427–2437（2013）

3）Kameyama, S., et al.：Acoustic discrimination between harbor porpoises and delphinids by using a simple two-band comparison, The Journal of the Acoustical Society of America, **136**, 2, pp. 922–929（2014）

4）Roch, M. A., et al.：Classification of echolocation clicks from odontocetes in the Southern California Bight, The Journal of the Acoustical Society of America, **129**, 1, pp. 467–475（2011）

5）Wahlberg, M., et al.：Source parameters of echolocation clicks from wild bottlenose dolphins（*Tursiops aduncus* and *Tursiops truncatus*）, The Journal of the Acoustical Society of America, **130**, 4, pp. 2263–2274（2011）

6）Villadsgaard, A., M. Wahlberg, and J. Tougaard：Echolocation signals of wild harbour porpoises, *Phocoena phocoena*, Journal of Experimental Biology, **210**, 1, pp. 56–64（2007）

7）Delarue, J., et al.：Geographic variation in Northwest Atlantic fin whale（*Balaenoptera physalus*）song: Implications for stock structure assessment, The Journal of the Acoustical Society of America, **125**, 3, pp. 1774–1782（2009）

8）Castellote, M., C. W. Clark, and M. O. Lammers：Fin whale（*Balaenoptera physalus*）population identity in the western Mediterranean Sea, Marine Mammal Science, **28**, 2, pp. 325–344（2012）

9）Barrett-Lennard, L. G., J. K. B. Ford, and K. A. Heise：The mixed blessing of echolocation: differences in sonar use by fish-eating and mammal-eating killer whales, Animal Behaviour, **51**, 3, pp. 553–565（1996）

10）Deecke, V. B., J. K. B. Ford, and P. J. B. Slater：The vocal behaviour of mammal-eating killer whales: communicating with costly calls, Animal Behaviour, **69**, 2, pp. 395-405（2005）

11）Deecke, V. B., P. J. B. Slater, and J. K. B. Ford：Selective habituation shapes acoustic predator recognition in harbour seals, Nature, **420**, 6912, pp. 171-173（2002）

12）Ford, J. K. B.：Acoustic behaviour of resident killer whales（*Orcinus orca*）off Vancouver Island, British Columbia, Canadian Journal of Zoology, **67**, 3, 727-745（1989）

13）Yurk, H., et al.：Cultural transmission within maternal lineages: vocal clans in resident killer whales in southern Alaska, Animal Behaviour, **63**, 6, 1103-1119（2002）

14）Deecke, V. B., J. K. B. Ford, and P. Spong：Dialect change in resident killer whales: implications for vocal learning and cultural transmission, Animal Behaviour, **60**, 5, pp. 629-638（2000）

15）Miller, P. J. O., et al.：Call-type matching in vocal exchanges of free-ranging resident killer whales, *Orcinus orca*, Animal Behaviour, **67**, 6, pp. 1099-1107（2004）

16）Krebs, J. R., R. Ashcroft, and K. Van Orsdol：Song matching in the great tit *Parus major L.*, Animal Behaviour, **29**, 3, pp. 918-923（1981）

17）Falls, J. B.：Song matching in western meadowlarks, Canadian Journal of Zoology, **63**, 11, pp. 2520-2524（1985）

18）Rendell, L. E., and H. Whitehead：Vocal clans in sperm whales（*Physeter macrocephalus*）, Proceedings of the Royal Society of London B: Biological Sciences, **270**, 1512, pp. 225-231（2003）

19）Mann, D. A., et al.：Detection of ultrasonic tones and simulated dolphin echolocation clicks by a teleost fish, the American shad（*Alosa sapidissima*）, The Journal of the Acoustical Society of America, **104**, pp. 562-568（1998）

20）Mann, D. A., et al.：Ultrasound detection by clupeiform fishes, The Journal of the Acoustical Society of America, **109**, 6, pp. 3048-3054（2001）

21）Plachta, D. T. T., and A. N. Popper：Evasive responses of American shad（*Alosa sapidissima*）to ultrasonic stimuli, Acoustics Research Letters Online, **4**, 2, pp. 25-30（2003）

22）Astrup, J., and B. Møhl：Detection of intense ultrasound by the cod Gadus morhua, Journal of experimental Biology, **182**, 1, pp. 71-80 (1993)

23) Astrup, J., and B. Møhl : Discrimination between high and low repetition rates of ultrasonic pulses by the cod, Journal of Fish Bbiology, **52**, 1, pp. 205-208 (1998)

24) Schack, H. B., H. Malte, and P. T. Madsen : The responses of Atlantic cod (*Gadus morhua L.*) to ultrasound-emitting predators: stress, behavioural changes or debilitation?, Journal of Experimental Biology, **211**, 13, pp. 2079-2086 (2008)

25) Wilson, M., et al. : Directional escape behavior in allis shad (*Alosa alosa*) exposed to ultrasonic clicks mimicking an approaching toothed whale, Journal of Experimental Biology, **214**, 1, pp. 22-29 (2011)

26) Kaifu, K., T. Akamatsu, and S. Segawa : Underwater sound detection by cephalopod statocyst, Fisheries Science, **74**, 4, pp. 781-786 (2008)

27) Amano, M., et al. : Differences in sperm whale codas between two waters off Japan: possible geographic separation of vocal clans, Journal of Mammalogy, **95**, 1, pp. 169-175 (2014)

28) Aoki, K., et al. : Diel diving behavior of sperm whales off Japan, Marine Ecology Progress Series, **349**, pp. 277-287 (2007)

29) Caldwell, M.C., and D.K. Caldwell : Individualized whistle contours in bottlenosed dolphins (*Tursiops truncatus*), Nature, **207**, pp. 434–435 (1965)

30) Janik, V. M., L. S. Sayigh, and R. S. Wells : Signature whistle shape conveys identity information to bottlenose dolphins, Proceedings of the National Academy of Sciences, **103**, 21, pp. 8293-8297 (2006)

31) Quick, N. J., and V. M. Janik : Bottlenose dolphins exchange signature whistles when meeting at sea, Proceedings of the Royal Society of London B: Biological Sciences, rspb20112537 (2012)

32) King, S. L., and V. M. Janik : Bottlenose dolphins can use learned vocal labels to address each other, Proceedings of the National Academy of Sciences, **110**, 32, pp. 13216-13221 (2013)

33) Tyack, P. : Whistle repertoires of two bottlenosed dolphins, *Tursiops truncatus*: mimicry of signature whistles?, Behavioral Ecology and Sociobiology, **18**, 4, pp. 251-257 (1986)

34) Morisaka, T., et al. : Exchange of "signature" calls in captive belugas (*Delphinapterus leucas*), Journal of ethology, **31**, 2, pp. 141-149 (2013)

35) McBride, A. F., and H. Kritzler : Observations on pregnancy, parturition, and postnatal behavior in the bottlenose dolphin, Journal of Mammalogy, **32**, 3, pp.

251-266 (1951)

36) Caldwell, M. C., and D. K. Caldwell：The whistle of the Atlantic bottlenosed dolphin (*Tursiops truncatus*) — ontogeny, Behavior of marine animals. Springer US, pp. 369-401 (1979)

37) McCowan, B., and D. Reiss：Whistle contour development in captive-born infant bottlenose dolphins (*Tursiops truncatus*)：Role of learning, Journal of Comparative Psychology, **109**, 3, p. 242 (1995)

38) Morisaka, T., M. Shinohara, and M. Taki：Underwater sounds produced by neonatal bottlenose dolphins (*Tursiops truncatus*)：I. Acoustic characteristics. Aquatic Mammals, **31**, pp. 248-257 (2005a)

39) Smolker, R. A., J. Mann, and B. B. Smuts：Use of signature whistles during separations and reunions by wild bottlenose dolphin mothers and infants, Behavioral Ecology and Sociobiology, **33**, 6, pp. 393-402 (1993)

40) Sayigh, L. S., et al.：Sex difference in signature whistle production of free-ranging bottlenose dolphins, *Tursiops truncates*, Behavioral Ecology and Sociobiology, **36**, 3, pp. 171-177 (1995)

41) Bowles, A. E., W. G. Young, and E. D. Asper：Ontogeny of stereotyped calling of a killer whale calf, *Orcinus orca*, during her first year, Rit Fiskideildar, **11**, pp. 251-275 (1988)

42) Li, S., et al.：The ontogeny of echolocation in a Yangtze finless porpoise (*Neophocaena phocaenoides asiaeorientalis*), The Journal of the Acoustical Society of America, **122**, 2, pp. 715-718 (2007)

43) Janik, V. M., S. M. Parijs, and P. M. Thompson：A two-dimensional acoustix localization system for marine mammals, Marine Mammal Science, **16**, 2, pp. 437-447 (2000)

44) Smith, F.：Understanding HPE in the VEMCO positioning system (VPS), Availabe, http://vemco. com/wp-content/uploads/2013/09/understanding-hpe-vps. pdf (2013)

45) 新家富雄ほか：魚類用高精度音響測位システムの開発（水中音響），電子情報通信学会技術研究報告，US，超音波，**111**, 191, pp. 11-16 (2011)

46) 浦　環，坂田雅雄，小島淳一：2組のハイドロフォンアレイを使ったマッコウクジラの潜水行動の推定，生産研究，**56**, 6, pp. 471-474 (2004)

47) Li, S., et al.：Localization and tracking of phonating finless porpoises using towed stereo acoustic data-loggers, The Journal of the Acoustical Society of America,

126, 1, pp. 468–475 (2009)

48) López, B. D.：Whistle characteristics in free-ranging bottlenose dolphins (*Tursiops truncatus*) in the Mediterranean Sea: Influence of behaviour, Mammalian Biology-Zeitschrift für Säugetierkunde, **76**, 2, pp. 180–189 (2011)

49) Verfuß, U. K., et al.：Echolocation by two foraging harbour porpoises (*Phocoena phocoena*), Journal of Experimental Biology, **212**, 6, pp. 823–834 (2009)

50) Miller, L. A.：Prey capture by harbor porpoises (*Phocoena phocoena*)：a comparison between echolocators in the field and in captivity, Journal of the Marine Acoustics Society of Japan, **37**, 3, pp. 156–168 (2010)

51) Villadsgaard, A., M. Wahlberg, and J. Tougaard：Echolocation signals of wild harbour porpoises, *Phocoena phocoena*, Journal of Experimental Biology, **210**, 1, pp. 56–64 (2007)

52) Morisaka, T., et al.：Effects of ambient noise on the whistles of Indo-Pacific bottlenose dolphin populations, Journal of Mammalogy, **86**, 3, pp. 541–546 (2005)

53) May-Collado, L. J., and D. Wartzok：A comparison of bottlenose dolphin whistles in the Atlantic Ocean: factors promoting whistle variation, Journal of Mammalogy, **89**, 5, pp. 1229–1240 (2008)

54) Tougaard, J., and L. A. Kyhn：Echolocation sounds of hourglass dolphins (*Lagenorhynchus cruciger*) are similar to the narrow band high-frequency echolocation sounds of the dolphin genus *Cephalorhynchus*, Marine mammal scienceMarine Mammal Science, **26**, 1, pp. 239–245 (2010)

55) May-Collado, L., and I. Agnarsson：Cytochrome b and Bayesian inference of whale phylogeny, Molecular Pphylogenetics and Eevolution, **38**, 2, pp. 344–354 (2006)

56) Buckland, S.T., D.R. Anderson, K.P. Burnham, J.L. Laake, D.L. Borchers, and L. Thomas：Introduction to Distance Sampling. Oxford University Press, Oxford (2001)

57) Buckland, S. T., et al.：Distance sampling. John Wiley & Sons, Ltd. (2005)

58) Burnham, K. P., D. R. Anderson, and J. L. Laake：Estimation of density from line transect sampling of biological populations, Wildlife Mmonographs, **72**, pp. 3–202 (1980)

59) Okamura, H.：A line transect method to estimate abundance of long-diving animals, Fisheries Sscience, **69**, 6, pp. 1176–1181 (2003)

60) Okamura, H., S. Minamikawa, and T. Kitakado：Effect of surfacing patterns on

abundance estimates of long-diving animals, Fisheries Science, **72**, 3, pp. 631-638 (2006)

61) Akamatsu, T., et al.：Estimation of the detection probability for Yangtze finless porpoises (*Neophocaena phocaenoides asiaeorientalis*) with a passive acoustic method, The Journal of the Acoustical Society of America, **123**, 6, pp. 4403-4411 (2008)

62) Akamatsu, T., et al.：A multimodal detection model of dolphins to estimate abundance validated by field experiments, The Journal of the Acoustical Society of America, **134**, 3, pp. 2418-2426 (2013)

63) Calambokidis, J., et al.：Insights into the underwater diving, feeding, and calling behavior of blue whales from a suction-cup-attached video-imaging tag (CRITTERCAM), Marine Technology Society Journal, **41**, 4, pp. 19-29 (2007)

64) Marques, T. A., et al.：Estimating cetacean population density using fixed passive acoustic sensors: An example with Blainville' s beaked whales, The Journal of the Acoustical Society of America, **125**, 4, pp. 1982-1994 (2009)

65) Marques, T. A., et al.：Estimating animal population density using passive acoustics, Biological Reviews, **88**, 2, pp. 287-309 (2013)

66) Küsel, E. T., et al.：Cetacean population density estimation from single fixed sensors using passive acoustics, The Journal of the Acoustical Society of America, **129**, 6, pp. 3610-3622 (2011)

67) Kimura, S., et al.：Density estimation of Yangtze finless porpoises using passive acoustic sensors and automated click train detection a, The Journal of the Acoustical Society of America, **128**, 3, pp. 1435-1445 (2010)

68) Douglas, L. A., Stephen M. Dawson, and N. Jaquet：Click rates and silences of sperm whales at Kaikoura, New Zealand, The Journal of the Acoustical Society of America, **118**, 1, pp. 523-529 (2005)

69) Weilgart, L. S.：Vocalizations of the sperm whale (*Physeter macrocephalus*) off the Galapagos Islands as related to behavioral and circumstantial variables, PhD dissertation, Dalhousie University (1990)

70) Madsen, P. T., et al.：Sperm whale sound production studied with ultrasound time/depth-recording tags, Journal of Experimental Biology, **205**, 13, pp. 1899-1906 (2002)

71) Jones, G. J., and L. S. Sayigh：Geographic variation in rates of vocal production of free-ranging bottlenose dolphins, Marine Mammal Science, **18**, 2, pp. 374-393 (2002)

72) Kimura, S., et al.：Density estimation of Yangtze finless porpoises using passive acoustic sensors and automated click train detection a, The Journal of the Acoustical Society of America, **128**, 3, pp. 1435-1445 (2010)

73) Whitehead, H., and L. Weilgart：Click rates from sperm whales, The Journal of the Acoustical Society of America, **87**, 4, pp. 1798-1806 (1990)

74) Barrett-Lennard, L. G., John J. K. B. Ford, and K. A. Heise：The mixed blessing of echolocation: differences in sonar use by fish-eating and mammal-eating killer whales, Animal Behaviour, **51**, 3, pp. 553-565 (1996)

75) Götz, T., U. K. Verfuß, and H.-U. Schnitzler：'Eavesdropping' in wild rough-toothed dolphins (Steno bredanensis)?, Biology letters, **2**, 1, pp. 5-7 (2006)

第5章 水中生物音響技術の応用

水中生物音響学というと，棒の先から水中マイクロホンを垂らして，いつ鳴くともしれない生き物の声を日がな待ち続けるイメージがあった。音の太公望といったところであろうか。釣り師と異なるのは，よしんばその声が録れたとしても，揚がってくるのは獲物の魚ではなく，音のデータファイルだけである。生き物にも環境にもまったく影響を及ぼさない観察方法であるが，それでいったい何の役に立つの？という声が聞こえてきそうである。

だがこのごろ風向きが変わってきた。海洋に眠るさまざまな資源の開発や海の利用にあたって，水中生物の環境影響評価（アセスメント）が必要となってきたからである。それに伴って，生き物にまったく影響を与えずに長期観察できる水中生物音響技術が注目されるようになってきた。本章では，これまで解説してきた水中生物音響技術が、実際の生態観察や環境アセスメントにどのように応用されているかについて取り上げる。

5.1 海洋利用と水中生物のモニタリング

海洋は宇宙と並ぶフロンティアといわれて久しく，海ではいまだに新しい発見が続々と出てくる。これまで見えなかった海のなかも，さまざまなテクノロジーによって可視化が始まり，日本の将来を支えるさまざまな宝，つまりエネルギー資源や鉱物資源が眠っていることがようやく理解されはじめた。日本の国土は38万 km^2 で世界第61位であるが，いわゆる200海里と呼ばれる排他的経済水域の面積は405万 km^2，領海や内水面も含めれば447万 km^2 で世界第6位である[†]。日本は堂々たる海洋大国といえる。

† 海上保安庁海洋情報部
http://www1.kaiho.mlit.go.jp/JODC/ryokai/ryokai_setsuzoku.html

私たち人間は，何千年も前から，海に生息する生き物を重要なたんぱく源として採取してきた。魚からクジラまで，日本人は特に水産物に対するこだわりが強く，日常的に海の幸に依存している。食べ物だけでなく，鉱物資源にも注目が集まっている。商業利用にはまだ時間がかかるかもしれないが，メタンハイドレート，コバルトリッチクラスト，マンガン団塊，レアアース堆積物などの鉱物資源が海洋に大量に存在することがわかってきた。また，近年よく話題に上るのは再生可能エネルギー資源である。洋上風力あるいは潮流や波力による発電で，化石燃料にたよらないエネルギー源を増やす動きである。

ここで忘れてはならないのは，そもそも，海洋生物を含む自然環境そのものが人類にとって重要な資源だということである。食糧・エネルギー・鉱物資源を利用する際に，海洋生物への影響評価は不可欠である。これまでその影響評価は直接目で見て観察するか捕獲するしかなかったが，水中音響技術による生物の遠隔観察が応用されはじめた。

5.2 再生可能エネルギーの普及：環境アセスメントへの応用

2011 年の東日本大震災以降，新しいエネルギー源として洋上風力発電が期待されている。新エネルギー・産業技術総合開発機構（NEDO）などによって，千葉県銚子沖（**図 5.1**）および福岡県北九州市沖の 2 か所で実際に洋上風況観測タワーと洋上風車が設置され風況観測や風力発電が行われたのを皮切りに[1]，各地で大規模な集合型洋上風力発電所（ウィンドファーム）の建設計画

図 5.1 銚子沖に建設された日本で初めての本格的な着床式洋上風力発電所

が立ち上がっている。採算性のある風力発電のためには，数十基の風車をつくらなければならない。これまで日本の沿岸や沖合にこうした巨大な構造物がつくられた例はほとんどない。風車の回転力で発電機を回すため，騒音も発生する。それ以外にも，杭打ちや海底ケーブルの設置など建設中にも大きな音を発せられる。このような状況での海洋生物のアセスメントは従来の方法では難しい。なぜなら，ある地点に強いインパクトが生じ，これを建設前と建設後で長期間にわたって比較しなければならないためである。

日本の海は深いため，ヨーロッパで一般的に採用されている，風車を海底に固定する着床式と呼ばれる工法が利用できる水域面積には限りがある。また，着床式を設置できるような浅く沿岸に近いところでは，漁業や海上交通との干渉も起こりやすい。そこで，浮体式と呼ばれる風車の実証試験が開始された。福島洋上風力コンソーシアムは，風車だけでなく浮かぶ変電所も併設した浮体式洋上風力発電設備を構築中であり，将来の大規模なウィンドファームへの事業展開を目指している[†1]。

それに伴って水中生物への影響調査いわゆる環境アセスメントが必要になってきた。しかし，船舶を用いて直接観察や捕獲を行う海洋生物の調査には長い時間と労力がかかる割に，得られるデータは限られたものであった。そもそも，海洋での環境アセスメントは始まったばかりで，どの種をどのようにして調べればよいのかという方法論がまだ確定していなかった。

海洋生物の音声を利用した観測手法は，こうしたアセスメントに向いている。特定の種に絞って，データの質は落とさずに忍耐強くその場で観測を続けることができる。例えば，先述の福島沖の浮体式洋上風力発電施設における小型鯨類のアセスメントに本手法が応用された[†2]。

洋上風力発電のアセスメントの対象として特に重要となるのは，海洋の高次

†1　福島洋上風力コンソーシアム
http://www.fukushima-forward.jp/index.html

†2　本節は海洋調査技術学会第26回研究成果発表会の特別セッションおよび第24回海洋工学シンポジウムでの発表をもとにしており、本発表内容と部分的に重複部分がある。また記載したデータは文献2）に掲載されている。

捕食者である。陸上ならば鳥類，水中ならば海生哺乳類，特に浅瀬に広く生息するイルカ類であろう。なかでも，本書でいく度となく登場しているスナメリというイルカは，日本の洋上風力発電所建設予定海域とその生息分布が重なっていることが多い。福島沿岸でもスナメリがたびたび目撃されていた。一方，もう少し沖合では，マイルカの仲間が広い範囲を回遊しており，福島沖の洋上風力発電所周辺水域にもやってくると推測されるが，その実態はわかっていなかった。

そこで，2013年4月から6月にかけて当該水域のイルカ類をその鳴き声で調査した。沿岸から沖合の発電所まで4か所の定点にA-tagが設置された（**図5.2**）。定点1が最も岸よりで，定点4が風力発電所建設予定地，定点2は定点1と定点4のほぼ中間点である。定点3は定点4の対照区として，定点4南側に設定された。定点1～4の各点の水深は26，74，132，125mと沖合にいくに従って深くなっている。2013年4月30日に機器を設置し，その後約1週

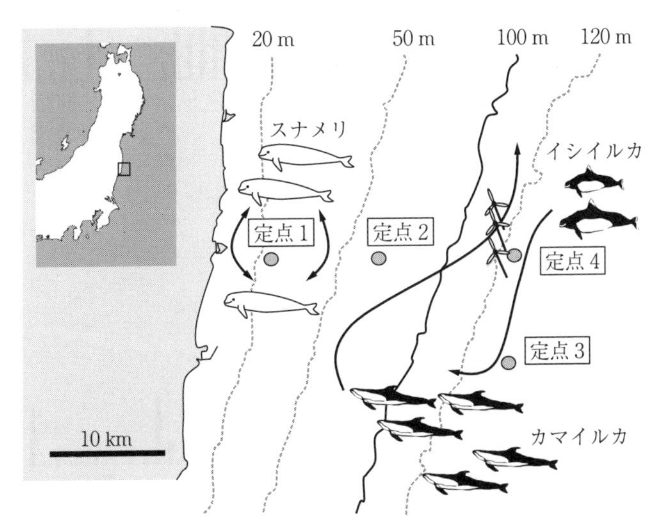

スナメリは沿岸定着性で，カマイルカとイシイルカは沖合回遊性と示唆される。今後の調査研究によって，より正確な動態がわかってくると期待される。

図5.2 音響および目視調査結果から予測された福島沖でのイルカ類の動態図

間ごとに機器を回収しデータを取り出した後，再設置が行われた。通算で約1か月の連続音響観測であった。

観測の結果，すべての定点においてイルカ類の鳴き声が検出された。沿岸寄りの定点1では昼間にイルカ類が出現する傾向があったが，中間点の定点2や沖合の建設水域定点4では夜間に出現する傾向が認められた（**図5.3**）。定点3は検出数が少なく，日周性については不明であった。

4.1.1項で紹介した，A-tagによる鯨類の種識別方法で判定すると，沿岸の定点1ではほとんどの検出がネズミイルカ科の鳴き声であり，過去の知見と50 m以浅・砂泥域という環境特性からスナメリであると考えられた。一方，

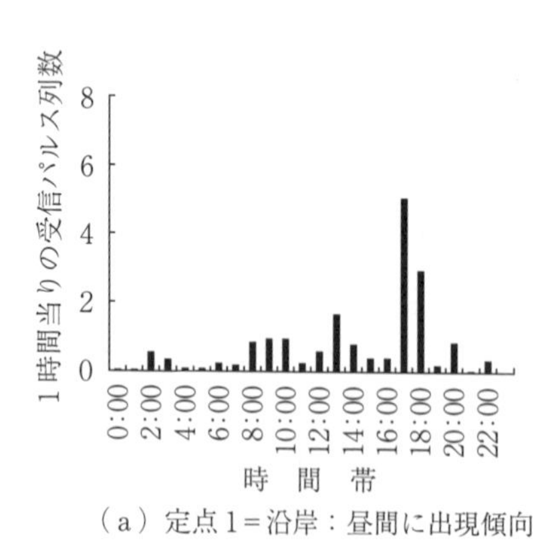

（a）定点1＝沿岸：昼間に出現傾向

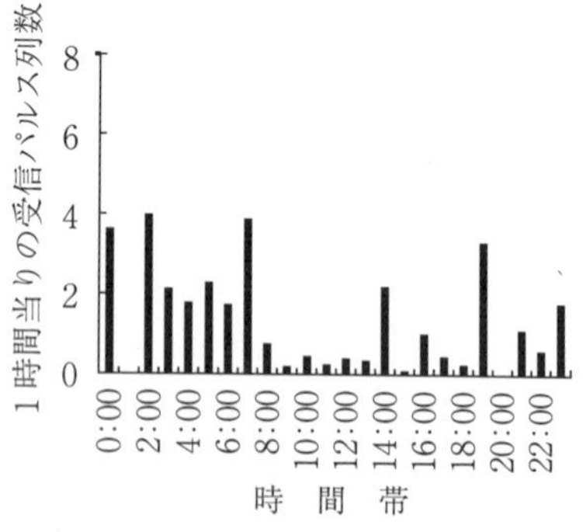

（b）定点2＝水深70 m：夜間に出現傾向

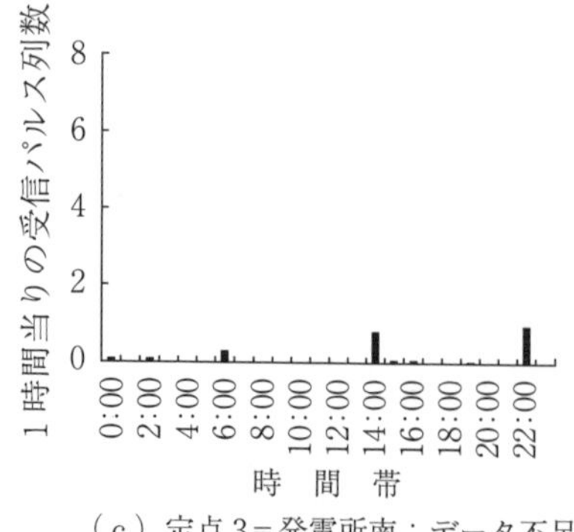

（c）定点3＝発電所南：データ不足

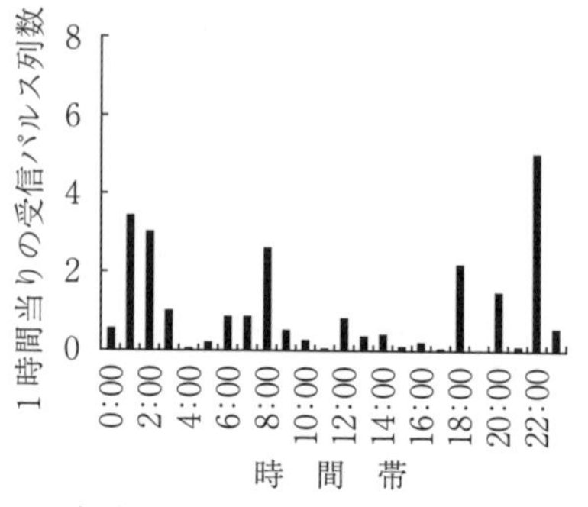

（d）定点4＝発電所：夜間に出現傾向

夜間に多く日中に少ない日周変動は沖側の観測点（定点4）で顕著であり，沿岸に近い定点ではむしろ日中から夕方にかけての出現が多かった[2)]。

図5.3　2013年4～6月における定点観測データ例

沖合との中間点にある定点2ではほとんどがマイルカ科の検出であった。さらに沖合の建設地定点4は多くがマイルカ科の検出であったが，一部にネズミイルカ科が認められた。水深100mを超える水域であり，これまでの知見からスナメリはあまり分布していないことが予想される。日本近海で沖合に生息するネズミイルカ科としてはイシイルカが知られる。別途実施された周辺海域の目視調査でもイシイルカが確認されているため，定点4で認められたネズミイルカ科はイシイルカの可能性が高い。マイルカ科は複数の種類が日本近海に生息するため種まで絞り込むことはできないが，目視調査の結果からカマイルカの可能性が高いと考えられた。

この観測時期においては浅い沿岸域ではスナメリが生息しており，沖合ではマイルカ科が卓越していた（図5.2)。今後，通年の観測および工事前後の比較をすれば，小型鯨類がどの程度この海域に滞在し，海洋開発の影響がどの程度であったのかを見積もることができると考えられる。

このアセスメントでは，四つのブイを打って定点を設定し，これに音響装置を取り付けただけであるが，生物音を用いると，その海域でのイルカ類の分布や利用状況がおぼろげながら推測できた。注目すべき水域での鍵種の動態を簡単に素早く可視化できれば，音響手法が海洋でのアセスメントにもひと役買えそうである。

5.3 地震観測の副産物：海底ケーブルでクジラを見る

洋上風力発電所などの人工建造物が，建設地周辺の生物や環境にどのような影響を及ぼすか。その答えを知るには，長い目で対象生物あるいは生態系を構成するさまざまな生物種の動態と変遷を見守る必要があり，音響手法が観測に適している例を示してきた。一方で，第3章の末尾で触れたように，水中生物の音響調査が主目的でないモニタリングや調査においても，動物の声を副次的に利用する試みが始まっている。

例えば，冬の北海道沖に来遊するナガスクジラの生態は，これまでほとんどわかっていなかった。荒れる海に調査船を派遣することが難しく，できたとしても従来の目視調査では発見できない可能性が高い。ところが，それを解決するデータが地震観測網から提供された。

北海道釧路・十勝沖の海底ケーブル型観測システム「海底地震総合観測システム」では，地震計や水中マイクロホンにより地殻変動の観測や低周波音の計測が行われていた。このシステムは，リアルタイムで地殻変動を連続観測するために，大容量通信ケーブルと電力供給能力を備えている。他方，この海域では，複数種のクジラ類が観察されていた。シロナガスクジラやナガスクジラといった大型のヒゲクジラ類の鳴き声の周波数は，地震とよく似ている（**図5.4**）。そこで検出を試みたところ，計測された地震のセンサーにナガスクジラの音声が記録されていたことがわかった[3)]。

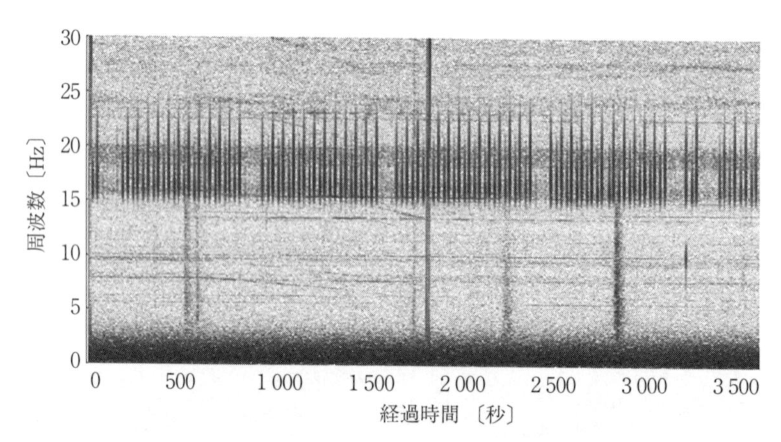

ナガスクジラは20 Hz前後の非常に低い周波数で繰り返し音声を発するため，地震観測システムでとらえることができる（提供：岩瀬良一）

図5.4　ナガスクジラの低周波音声

さらに，2007年1月から2015年2月末までの約3 000日，およそ8年間のデータから鳴き声の検出を試みたところ，検出された音声数は10月～2月頃に増加した[4)]。これは，ナガスクジラがこの海域に回遊してくる時期に一致する。なかでも特に10月と1月に音声検出が多かった。検出音声数は時間帯によってそれほど大きく変化しなかった。つまり，その期間中は時間帯には依存せず音を出しているようだ。複数のマイクロホンに記録されたデータを比較したところ，西側の観測点のほうが東側に比べて鳴き声が多く記録されていることも明らかとなった（**図5.5**）。

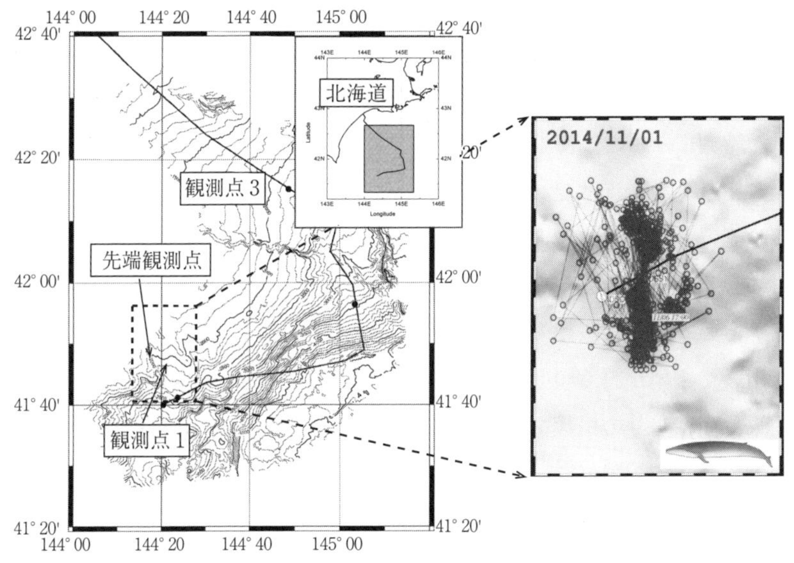

複数の水中マイクロホンへの音の到達時間差から声の位置を求めた。釧路沖では秋に多数のナガスクジラが来遊しているようだ[†]。

図5.5　北海道釧路・十勝沖「海底地震総合観測システム」により記録されたナガスクジラの低周波音声の音源位置

このように，本来は別の目的で整備されたシステムでも，音響記録があれば，水中生物の観測に応用できる。ケーブルシステムを用いたヒゲクジラ類の観測については，文献5）により詳しく紹介されている。

† http://baleen.jamstec.go.jp/index.php

5.4 水産資源の地図をつくる：鳴き声で魚の分布を知る

第1章でも紹介したように，魚も鳴く。特にニベの仲間はよく音を発することで知られている。ニベは日本の沿岸域に多く生息しており，魚屋でもイシモチやシログチとして売られている。この魚は繁殖期になると海中で大合唱する。例えば，千葉県の九十九里浜から茨城県の鹿島灘にかけては，夏の夜の決まった時刻になると，海中がニベの声で埋め尽くされ，近くを通る貨物船の音も聞こえなくなるほどだ。

毎晩記録されるニベの声の数をコンピュータで数えようと，この海域にたくさんの録音機を沈めた。これを24時間ごとに足し合わせて，その場にいるシログチというニベ科魚類の密度の指標とした。さらに，水中マイクロホンアレイを用いて1尾が鳴く頻度を個体ごとに観察し，これを密度推定式に当てはめて，単位面積当りの尾数を試算した。第4章で紹介した，音響的な個体数密度推定はこれまで鯨類での研究結果がほとんどであったが，同じ技術が魚類にも応用され，何が見えるのかが確かめられた。

予想どおり，たくさんのシログチの音が記録されていた。夜の7時から9時頃が最も盛んで，まるでカエルの大合唱のようだった。周辺でよく聞こえるテッポウエビの音もかき消されるほどの数と大きさであった。しかし，受信数は場所によって異なっていた。**図5.6**に示すように銚子市と鹿島港の沖合では多数の記録があったが，九十九里浜を南下するに従ってその数は減っていった。また，沖合の観測点で記録される音の数も少なかった。

シログチは沿岸の砂地に生息しているとされ，得られた分布はこれを反映していると考えられた。なかでも，音響的なシログチ高密度分布域は銚子沖で，利根川が流入する生物生産力が高い水域と合致していた。受動的音響調査でおもしろいのは，この地図をアニメーションで見せることができる点である。1日24時間で平均し1枚の絵としてまとめ，これを連続して再生すると，日々の推定分布の動きが見えるようになる。筆者らの知る限り，水産資源の日々の

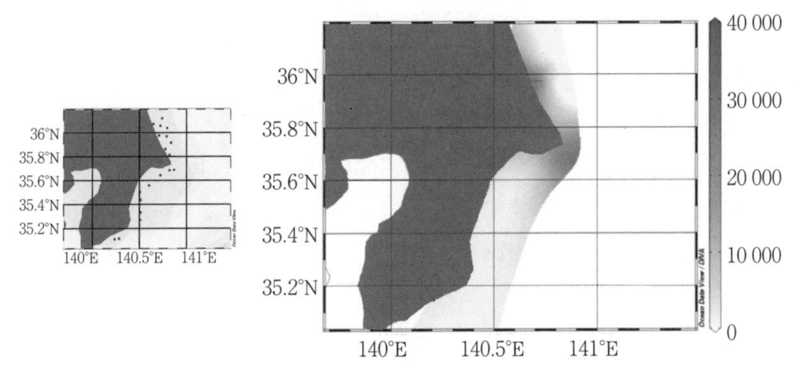

捕獲を行うことなく，音だけで分布地図を作成した。多点での観測を行うことで，生物生産力が高いと思われる水域での高密度な分布や，沿岸に偏った分布など，シログチの生態に合致する結果を得ることができた。

図 5.6　ニベの仲間のシログチの音を指標とした分布地図
（左の図は観測点の位置）

分布を動画で示された例はない。鳴く魚に関しては，資源管理のためのモニタリング手法としても応用できそうである。

5.5　生物保全のための地図をつくる：揚子江のイルカの分布

音響観測による分布図は水産資源だけでなく，野生生物にも有効である。急速に数を減らしている野生生物の保全には，まずその生息分布を知る必要がある。しかし，すでに数が減ってしまっているため観察は容易ではなく，地図が出来上がる頃にはほぼ絶滅していたということになりかねない。

『三国志』にはよく揚子江が舞台として出てくる。有名な赤壁の闘いは武漢市の上流であったし，諸葛孔明が水軍を訓練したといわれるのはポーヤン湖と揚子江が交わるあたりである。2007 年より，絶滅が危惧される揚子江のスナメリの分布が移動式の観測手法により継続的に実施された[6)]。この水域は揚子江最大ともいわれるスナメリの高密度生息水域で，以前からスナメリの大きな個体群が観察されているだけでなく，遺伝学的，保全生態学的観点から注目されていた。また，地方政府の理解や許可，漁民からの傭船など研究調査体制が整っている点もこの水域の大きな利点であった。

揚子江中流域とポーヤン湖の接続域合計約 77 km 長（川幅は約 1 ～ 2 km）が季節ごとに同じ手法で観察された。第 3 章で紹介したように，音響調査は目視調査に比べ検出力が高いため，この調査は音響のみ実施された（**図 5.7**）。小さな漁船に調査員二人が乗船というコンパクトな陣容であった。目視の労力負担が小さく，観測をほぼ自動化できるのも音響調査のメリットである。移動式音響調査と同時に，スナメリの分布に影響を与えそうな人工物（船舶航行，底砂採取，橋梁）の分布を確認し，魚群探知機を用いて水域ごとの魚類検出の有無を調べた。

小舟の後ろに曳航しているロープの先に観測機材が取り付けられている。

図 5.7　揚子江での調査風景

約 3 年間，春夏秋冬の各季節に調査を実施したところ，単位距離ごとの平均検出個体数は，0.53 ～ 1.26 頭/km であった。揚子江の他の水域と比べると 5 ～ 10 倍近くの密度で，ここはかなりスナメリの生息密度が高いことがわかった。検出個体数は場所によって大きく変化する一方で，経年的な変化はあまりないことも確認された。この限られた範囲のなかでも，季節ごとに毎年だいたい同じような分布であることがわかった。春夏は揚子江本流で，秋冬はポーヤン湖内で検出が多くなったが，揚子江・ポーヤン湖がちょうど接続する水域では季節を問わずつねに検出が多かった。また，魚類の検出とスナメリの検出には，強い相関があった。一方，船舶航路や橋梁付近でスナメリ密度が低下したり，建設用の底砂の採取が禁止された期間に密度が増加したりする傾向は見られなかった。川という限られた水域でほかに逃げ場がなかったからかも知れないが，スナメリにとっては人間の活動より餌が重要であり，保全を考えるうえでは餌生物（魚類）の資源管理がポイントであることが示唆された。

また，揚子江中流域に接続する中国最大の淡水湖ポーヤン湖の内部でも，2008年から2012年まで4年半かけて，雨期にも乾期にも存在する湖の主流123 kmの音響調査が12回実施された[7]。平均で0.42頭/kmの発見があり，揚子江本流の4倍近くの密度でスナメリがこの湖に分布することがわかった。スナメリはポーヤン湖に注ぐ大きな川が接続する水域に最も多かったのだが，乾期にはこの水域に貨物船と漁船が集中する。この水域は保護区として守っていく必要性が高く，本種の保全に重要な知見が得られた。

受動的音響手法の大きな利点は，観測が無人化できることである。水中にセンサーを入れ，これを動かすことができれば，移動式観測でも人間が付ききりになる必要はない。一種のリモートセンシングが実現できる。このアイデアを

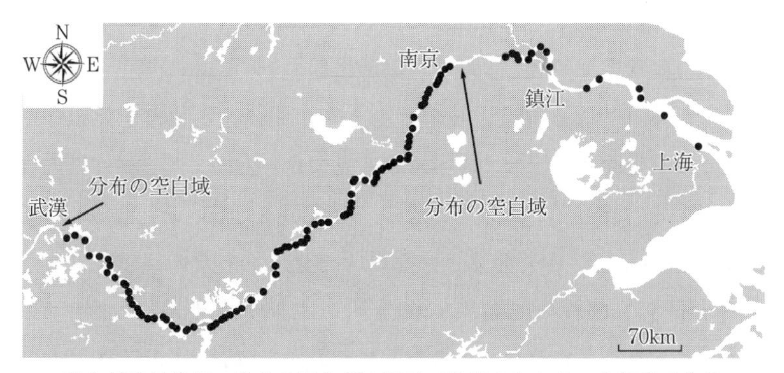

黒丸が発見位置。多くの個体が中流域で検出されたが，大都市である武漢の周辺や上海の上流部で，矢印で示した検出のない空白域が認められた。

図5.8 武漢から上海まで1 100 km余りにわたって行われた移動式音響観測の結果[8]

中国の研究者らが中心となって揚子江の中下流域で実現した[8)]。決まった水域を行き来する貨物船にセンサーを取り付けて，イルカの分布を自動で検出しようという試みである。

中国中部の大都市武漢にはビール工場がある。これを上海に運ぶ貨物船の船主と話しがつき，2008年3月，12月，2009年6月に武漢から上海までの1 100 kmを航行中に舷側に音響センサーを取り付けた。この調査での平均検出個体数は0.12頭/kmであった。揚子江中流域で密度が最も高いこと，逆に武漢下流および南京－鎮江間では検出がなく，個体群が分断され交流が途絶えている可能性が示唆された（**図5.8**）。このような分布地図が，これまで経験に基づいて設定されていたイルカの保護区域の再設定に役立てられるだろう。

5.6　希少生物の行動：ジュゴンの鳴き交わし

頻繁に超音波ソナーを出すイルカと異なり，ジュゴンはあまり声を出さない。また水上には鼻先だけしか出さないので船からの目視もとても難しい。上空からならば見えやすいが，飛行機の滞空時間は限られている。ジュゴンが水中で何をしているのか，タイのマレー半島のインド洋側にあるトラン県タリボン島周辺の海域において，水中音から探るプロジェクトが進められた[9)]。

調査船からは水中マイクを曳航し，同時に船の上の櫓（やぐら）から見下ろして目視調査を行った。ジュゴンが見えた位置と鳴き声が聞こえた位置を比較したところ，目視では調査範囲にほぼまんべんなく見つかったが，鳴き声が聞こえた場所はタリボン島の南端部とムク島周辺の，海草が生えていない海域だけであった（**図5.9**）。さらに，音で発見された場所で見つかったのはほとんどが単独個体で，母仔ペアは別の場所に集中的に分布していた。他個体の鳴き声に反応して鳴くことも考えられたため，水中スピーカから録音した声を放音して同じ比較をしたが，結果は変わらなかった。すなわち，ジュゴンは単独個体がエサ場以外で鳴くということがわかった。当初，母仔ペアのほうがたくさん鳴き声を出していると予想されていたので，この結果は意外であった。

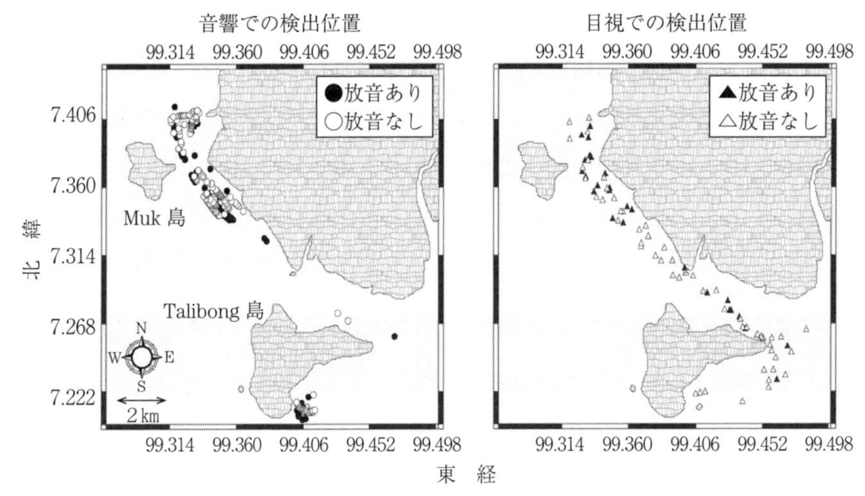

イルカと異なり，ジュゴンは頻繁に鳴く場所が決まっている。音響ではジュゴンが鳴き返す音の放音の有無にかかわらず，図上部の Muk 島と本土の間と，下部の Talibong 島南部でよく検出された。一方の目視では，どこでも検出があり，発見位置が調査ラインを表している。ジュゴンがよく鳴く場所をなぜもっているのか，その役割はまだわかっていない。

図 5.9　音響と目視によるジュゴンの検出（文献 9）を改変）

ではいったい，どうして鳴いていたのだろうか。この問いに答えるために，まずジュゴンがいつ鳴くのか調べてみた。鳴く時間帯がわかれば，その理由をある程度絞ることができそうである。タリボン島の南端部で，7 昼夜にわたって定点式録音機を用いて水中音を録音し，いちばん鳴き声の多い時間帯を調べた[10)]。約 7 日間で合計 3 453 の鳴き声が録音されていた。その頻度を詳しく調べてみると，鳴き声はいずれの日も午前 3 時から午前 6 時までの夜明け前 3 時間に集中していた。視覚の効かない夜間に鳴いて何らかのコミュニケーションを行っているのではと示唆されるが，声の機能は明らかではない。

いても鳴かないのであれば，鳴かせてみせよう。ということで，ジュゴンの鳴き声を他の 3 種の人工音とともに水中スピーカで放音してみた[11)]。さらに同時に 4 台の定点式録音機を用いて野生ジュゴンの鳴き声をステレオ録音し，鳴いた個体の位置も測位した。その結果，鳴き声はジュゴンと水中スピーカの距離に応じて持続時間が変化していた。つまり，ジュゴンが他個体の鳴き声を聴いて，相手との距離をある程度推測していたことがうかがわれた。鳴き返しは，録音した鳴き声と周波数変調のある人工音でも多かったが，周波数の抑揚のない音ではほとんど鳴き返しがなかった。ジュゴンはどんな音にでも反応するわけではなく，同種の音声に近いものに鳴き返していた。

観察しにくい希少生物のジュゴンではあるが，発声行動を調べることによって，彼らのコミュニケーションの様子が少しずつ明らかになってきている。

5.7　音響リモートセンシングとは

これまで見てきたように，海洋生物が発する声を聞くことで，一部ではあるがその種類や個体数までわかるようになってきた。1990年代後半から，特に鯨類を中心として鳴き声を積極的に利用し，存在確認だけでなく個体数や分布，回遊の把握ができるようになった。一方，産業的にも科学的にも重要で多様性に富む魚類や甲殻類などについては，鳴き声による種識別や定量調査手法の開発はこれからである。

水産資源として重要なフグもスケトウダラもイセエビも鳴く。海は，生き物たちのコーラスで満ちている。多くの海洋生物の声は周波数が低く，吸収減衰が少ないので非常に遠くまで届く。しかも種独特なパターンをもつものが多い。さらに，船舶や海洋開発，地震波など海洋生物に影響を及ぼす発音源も観測対象となる。魚からクジラまで海洋生態系を構成する多様な種を観測するだけでなく，海洋開発や地殻変動などの外部環境についても音を受信することで同時に検知できる。音を使って遠隔的に種類を識別することで，多種多様な海洋生物とそれを取り巻く環境要因を，広域・連続的に自動でモニタリングするための要素技術は整いつつある。

海洋での音響リモートセンシングを実現するためには，海洋生物の音響観測と音響識別の二つを同時に進める必要がある。第3章で紹介した定点式・移動式あるいは海底ケーブルなどのさまざまな海洋音響観測プラットフォームは，すでに全世界で運用されている。ブイや水中グライダーだけでなく洋上風力発電所なども新しい観測定点として活用できるだろう。またケーブルシステムは数年にわたる連続運用ができる。日本では海洋研究開発機構が，東南海地震を想定したDONETという巨大な海底ケーブルネットワークを構築し，紀伊半島沖で運用を始めた。地震や津波も精密に把握できるため，これまで推測の域を出なかった大規模地殻変動に伴う海洋生物の反応行動も計測の対象となる。

第6章で紹介する海洋の利用に伴う騒音も，同じシステムで観測できる。世界中を航行する船舶騒音や海洋開発に伴う工事騒音，エアガンによる石油探査や低周波アクティブソナーによる潜水艦探知などの人間活動も同じ音響システムで受信できるため，海洋生物に対する騒音の影響評価にも貢献する。

音響観測体制を整えたら，つぎに行うべきは音響識別である。音響識別のためには，まず，さまざまな海洋生物の鳴き声を記録しデータベース化しなくてはならない。生物種ごとの音声データベースを整備し，これを参照して種識別を行えば，種別の出現状況や分布を知ることができる。また，この分布図の時間的な変化から群れや個体の動きが見える。

海洋生物の音響リモートセンシングともいうべき技術は，いまの私たちにとって十分射程距離にある未来である。現場観測により構築される低周波から高周波までのさまざまな種別音データベースと比較し，時間周波数空間での相関や，分類手法の一つである機械学習を用いて，種識別のための音響パターン認識が行われている。人間の音声は，しゃべっている単語や音素が明らかで個体差も含め多くの情報が得られているが，海洋生物においてもこうしたデータベースが少しずつ整備されてきている。音声の場合は，種だけでなくコミュニケーションや社会行動により，音響パターンの違いが出てくることが予想される。

もう一つ，水中生物音響のおもしろいところは，過去に遡ってデータを発掘できる点にある。録音機で記録された水中音データをためておけば，いずれ種が同定された段階であらためてこのデータを解析し，種別の動態を知ることができる。遺伝情報の解読技術があがり，ごく小さな組織片からでも特定の種を割り出せるように，録音データのなかにはいろいろな生き物の情報が詰まっている。例えば海洋研究開発機構の初島沖ケーブルシステムでは，1993年からの音響計測の蓄積がある。開発した識別技術を用い，過去に遡ってデータを発掘することで，相模湾にはマッコウクジラという大型のクジラが季節を問わず常在していることが明らかになった。5.3節で述べたように，ケーブルシステムでは数十Hzの低周波領域の感度が特に良好なため，大型のヒゲクジラを対象とし，その回遊の季節変動パターンなどを明らかにできる。

音響リモートセンシングによって，長く推測の域を出なかった，荒唐無稽ともいえるアイデアを検証できるようになるかもしれない。例えば極低周波に感度がよいシロナガスクジラは地震を予知していないだろうか。北洋のスケトウダラは冬に北太平洋で大コーラスを合唱するが，その受信者はどのように繁殖相手を決めるのか。長距離回遊を行うサケやウナギの回帰行動に，海中の環境音はどのように役立っているのか。私たちの想像を超えた海洋生物のコミュニケーションの世界が明らかになればすばらしい。

海洋開発のアセスメントも様変わりするだろう。これまでは観測手段がなく，人間が海洋にインパクトを与えても影響が評価できなかった。音響手法でこれらを可視化することにより，本当に深刻な人為的影響要因は制御し，不必要に設定されている規制は撤廃することで，海洋生物と共存できる海洋開発を進められるだろう。

引用・参考文献

1） 新エネルギー・産業技術総合開発機構：洋上風力発電の取組，p.24（2013）
2） 浮体式洋上超大型風力発電機設置実証事業環境影響評価書，pp.386-393（2014）
3） Iwase, R.：Fin whale vocalizations observed with ocean bottom seismometers of cabled observatories off east Japan Pacific Ocean, Japanese Journal of Applied Physics, **54**, 07, HG03 (2015)
4） 松尾行雄，赤松友成，岩瀬良一，川口勝義：北海道釧路・十勝沖の海底ケーブル型観測システムを用いたナガスクジラの鳴音の季節依存，海洋音響学会誌，**44**, 1, pp. 13-22 (2017)

5) 土肥哲也 編著：低周波音－低い音の知られざる世界－，コロナ社（2017）

6) Kimura, S., et al.：Seasonal changes in the local distribution of Yangtze finless porpoises related to fish presence, Marine Mammal Science, **28**, 2, pp. 308–324 (2012)

7) Dong, L., et al.：Yangtze finless porpoises along the main channel of Poyang Lake, China: Implications for conservation, Marine Mammal Science, **31**, 2, pp. 612–628 (2015)

8) Dong, L., et al.：Passive acoustic survey of Yangtze finless porpoises using a cargo ship as a moving platform, The Journal of the Acoustical Society of America, **130**, 4, pp. 2285–2292 (2011)

9) Ichikawa, K., et al.：Detection probability of vocalizing dugongs during playback of conspecific calls, The Journal of the Acoustical Society of America, **126**, 4, pp. 1954–1959 (2009)

10) Ichikawa, K., et al.：Dugong (*Dugong dugon*) vocalization patterns recorded by automatic underwater sound monitoring systems, The Journal of the Acoustical Society of America, **119**, 6, pp. 3726–3733 (2006)

11) Ichikawa, K., et al.：Callback response of dugongs to conspecific chirp playbacks, The Journal of the Acoustical Society of America, **129**, 6, pp. 3623–3629 (2011)

第6章 水中生物への騒音影響

海洋での人間の活動が盛んになるにつれ，海のなかはうるさくなってきた[1)]。潜水艦探知のための軍事用ソナー，海底油田の発見に使われるエアガン，貿易を支える船舶，漁船の魚群探知機など，海中には多くの人工音源が存在する。いわゆる人間の騒音問題は，空港や道路や建設工事の音を私たちが不快に思うときに起こる。海洋生物はうるさいからといってそれを訴えることはないが，これまでに集められたいろいろな証拠によって，生物への影響が無視できないレベルであると懸念されている。本章では水中生物への騒音影響を取り上げる。

6.1 海のなかの騒音問題

海中の騒音源にはさまざまなものがある。すぐに思い浮かぶのは船舶騒音だが，大音圧を発するものとして，橋脚や風力発電設備の建設のときに行われる杭打ち音もある。大規模な建設工事では，水中発破による爆破も試みられる。また，エアガンと呼ばれる資源探査用の機器も音源音圧レベルが大きい。エアガンは，高圧の空気を開放して水中で低周波のパルス音を発する。海底下の各層から反射されてきた音を分析することで，海底にどんな資源が埋まっているかを調べる装置である。さらに，運用実態が公開されないことが多いものに，潜水艦探知ソナーがある。極低周波から中周波までの音を発し，潜水艦の位置を検出するアクティブソナーである。この音は専用のスピーカから放出され周波数帯域が狭い。このため，特定の周波数でのエネルギー密度が高く，哺乳類の内耳への影響が懸念されている。これらに比べると船舶騒音の音源レベルは小さいが，音源の数が多いために海洋全体の騒音レベルを上げる要因となっている[2]。ほかにも，超音波を用いるマルチビームソナーや流速計，魚群探知機，測深器が騒音源としてあげられるだろう。これらをリストにしてまとめたのが**表 6.1** である。

表 6.1 海洋の典型的な人工騒音源[2]

音　源	音源音圧レベル〔dBre1 μPa@1 m〕	周波数帯域〔Hz〕
船体衝撃試験（10 000 ポンド爆弾）	304	0.5 ～ 50
魚雷 MK-46	289	10 ～ 200
エアガンアレイ	260	5 ～ 300
米海軍 53C 対潜水艦ソナー	235	2 000 ～ 8 000
SURTASS 低周波アクティブソナー	235	100 ～ 500
杭打ち 1 000 kJ のハンマー使用	237	100 ～ 1 000
深海用マルチビームソナー（EM122）	245	11 500 ～ 12 500
アザラシ威嚇爆弾	205	15 ～ 100
浅海用マルチビームソナー（EM710）	232	70 000 ～ 100 000
サブボトムプロファイラ（SBP120）	230	3 000 ～ 7 000
音響威嚇装置	205	8 000 ～ 30 000
貨物船（船長 173 m，速度 16 ノット）	192	40 ～ 100
音響テレメトリー（SIMRADHTL300）	190	25 000 ～ 26 500
小型船船外機（速度 20 ノット）	160	1 000 ～ 5 000
音響抑止装置	150	5 000 ～ 160 000
風力発電所の運転音	151	60 ～ 300

海のなかの騒音は徐々に増えている。カリフォルニア沖に沈められた水中マイクロホンを用いた観測によれば，1960 年代から 30 年間で 32 Hz から 50 Hz の帯域で背景騒音レベルが約 3 倍になった[3]。ただし，1994 年以降の 12 年間を見ると必ずしも増加傾向にあるとはいえない[4]。おもな騒音源は沖合の貨物船らしい。

騒音の影響を受ける可能性のある生き物も多い。いろいろな騒音源の周波数帯域と海洋生物の可聴域を**図 6.1** で比べてみよう。船舶や洋上風力発電所の稼働，海中工事の杭打ちはおおむね 1 kHz かそれ以下に多くのエネルギーをもっている。この周波数帯域に敏感なのはヒゲクジラと魚類である。一方，魚群探知機や海底地形を見るためのソナーは超音波を用いており，イルカやアザラシが敏感な周波数帯域である。

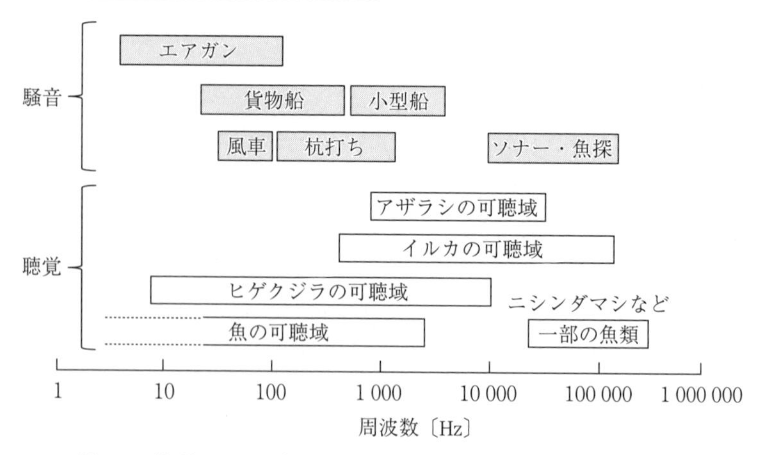

図 6.1　海洋における各種の人工騒音源と海洋生物の可聴域（文献 1), 文献 2) を参考に作成）

人工の騒音が海の生き物たちに及ぼす影響は，水中発破の衝撃音による組織破壊や死亡から，ほんのわずか一瞬だけ行動に変化が見られるというレベルまでさまざまだ。影響の度合いは，曝露される音のレベルによるが，生き物が曝される音の大きさは同じ音源であっても距離が離れれば小さくなる。伝搬に伴う減衰や吸収によるものだ（3.2.3 項参照)。さらに曝露レベルが同じでも，背景雑音によるマスキングの効果で影響が異なる場合もある。マスキングとは，雑音が信号音を遮蔽（マスク）し，信号が聞き取れなくなることを指す。背景雑音の源は人為的な騒音だけでなくテッポウエビなどの発音生物や，砕波や降雨などの物理的な要因もある。生物どうしのコミュニケーションに音が使われている場合，マスキングによって通信可能距離が短くなる。船がひっきりなしに航行している海域や，洋上風力発電所が常時稼働している場合，その周波数帯域を使う生物の通信に影響が及ぶかもしれない。

例えば，ザトウクジラは繁殖のために冬の沖縄や小笠原海域にやって来て，雄が歌を歌う。雌はその歌でよい伴侶を選んでいるらしい。騒音レベルが上がると，マスキングのため声が遠くまで届かなくなる。音響的には背景雑音レベルが 3 倍になれば，コミュニケーションできる距離は 3 分の 1 に，受信可能面積では 9 分の 1 になる。繁殖時期に鳴くクジラや魚が鳴き声でコミュニケーションできる距離が短くなると，個体群や資源の再生産に影響が出るかもしれない。

受信側の生き物の反応レベルもさまざまである，行動や生理的な反応だけでなく，繁殖や生存にかかわるもの，さらには個体群全体に影響を及ぼすような反応もある（**図 6.2**）。影響の持続時間は短いものから何年も続くものまである。杭打ちや近づく航空機など変化が激しい音の場合は，一瞬の驚愕反射行動が見られることがある。長時間の連続音の曝露で一時的に聴覚感度が悪くなる生理反応は，後述するように影響評価基準に使われている。これが重篤になると永続的な聴覚感度の低下が生じる。すでに述べたマスキングによるコミュニケーションの阻害や，騒音海域からの回避行動が実際に起きているならば，繁殖や生存に影響を与えるかもしれない。そうした影響が長期間続けば，個体群分布域の変化や個体群そのものの消滅といった事態もあるかもしれない。このような長期的な影響を検出したり，評価したりすることは非常に難しいが，今後検討されるべき重要課題といえるだろう。

また最近，エアガンの音波により動物プランクトンの死亡率が２～３倍に跳

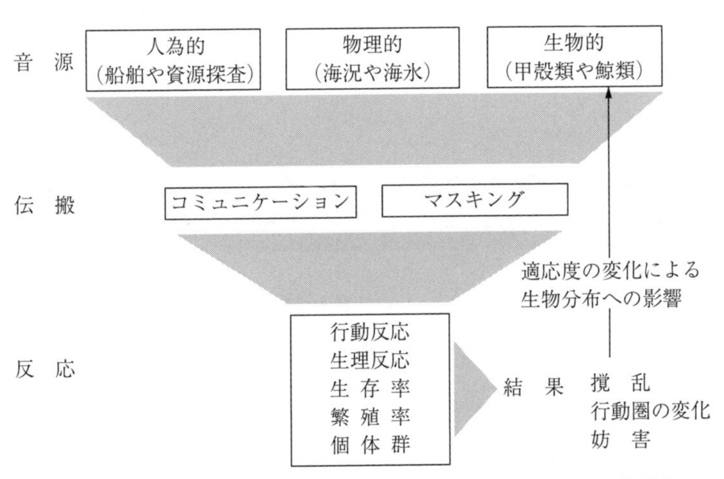

行動，繁殖，個体群などさまざまなレベルでの影響を調べる必要がある。文献 5）を参考に描いた。

図 6.2　海洋における騒音の影響

ね上がることが現場調査で示された[6)]。海洋の基礎生産を支える生物にも騒音が影響するとなると，これに支えられている生物への間接的影響も懸念される。

水中騒音が生物に与える影響は，まだ観測事実が十分に積み重なっていない。私たちが想像するほどではないかもしれないし，それ以上に深刻かもしれない。アメリカ海軍の中周波ソナーはクジラの座礁原因と疑われているが[7)]，証拠は間接的である。海生哺乳類への騒音影響については文献 8）がある。日本の沿岸での魚への騒音影響については，文献 9）以外にまとまった資料はない。アメリカの Southall ら[10)]では，行動応答の基準が，弱い反応（音刺激に反応して定位方向を変化させるなど）中程度の反応（摂餌をしばらく中断させるなど）強い反応（パニック状態）の 3 段階に分類されている。一方 Ellison ら[11)]では，行動応答において，文脈的意味合いだけでなく，生物に曝露された音圧レベルや聴力などを加味して行動を評価しなければならないと指摘している。文脈的意味合いとはすなわち，生物が以前にその音を経験しているか否か，そのときの健康や精神の状態，音源に対してどう定位していたか，などを含む。また，個体群の健全性・脆弱性などに応じて行動応答を評価する手法はいまだ開発中である。

6.2 聴覚感度の低下を指標とした騒音影響評価

うるさいと，何がいけないのか？哺乳類の聴覚システムは，基本的に私たち人間も水中の哺乳類も同じなので，人間で置き換えてみるとわかりやすいかもしれない。まず，少しだけうるさい状況を考えてみる。がやがやとしていたり，大きな音量で音楽がかかっていたりすると不快に感じるだろう。ある程度以上音が大きくなると，その場所を避けたり逃げたりしたくなる。それ以上うるさい音に曝されると聴覚に障害が及ぶ。イヤホンを使って大音量で音楽を聞き続けると聴力損失の危険性がある。爆音に曝されながらステージで歌う人気歌手のなかには難聴になったと報告する人もいる。また，持続的でなくとも，飛行機や爆発などで急に瞬間的な大きな音がすると耳を塞ぎたくなるし，耳がじんじんと痛むかもしれない。

文献8）では，騒音の定義を「対象とする信号の受信を阻害する音，生物の通常の行動を阻害する音」としている。また，音が影響を及ぼす段階を四つに分けている（**図6.3**）。

① 聴こえるレベル（zone of audibility）

② 反応するレベル（zone of responsiveness）

③ マスキングされるレベル（zone of masking）

④ 損傷するレベル（zone of injury）

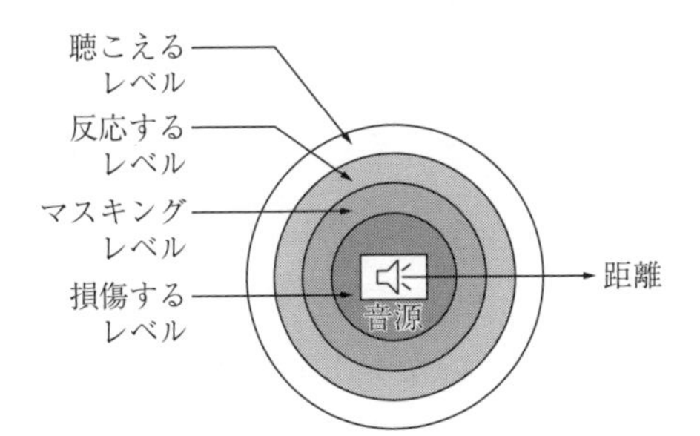

音が影響を及ぼす程度は，音源から生物までの距離に応じて変化する。

図6.3 音が影響を及ぼす四つの段階

損傷とは，聴覚システム内の損傷のことであり，通常は聴覚神経の損傷を指す。損傷のレベルが低いと一時的な聴力障害が生じる。これは一過性閾値変動とか一時的閾値変化（temporal threshold shift, TTS）という。損傷のレベルがひどいと内耳にある振動を検知する有毛細胞が死んでしまい聴力障害から回復しなくなる。これを恒常的閾値変化（permanent threshold shift, PTS）と呼ぶ。これらは音響外傷または音響性外傷（noise-induced hearing loss, acoustic trauma）の一種である。

騒音の影響は，音圧レベルと曝露時間に比例するので，小さい音でも長く曝露されればTTSは引き起こされる[12)~14)]。アメリカNOAA（National Oceanic and Atmospheric Administration, アメリカ海洋大気庁）の以前の基準では時間的な累積効果を考慮せず，損傷レベルは鯨類で180 dB，鰭脚類で190 dBを超えた場合とされていた[15)]。しかしNachtigallら[16)]によると，4 kHz，11 kHzの音を160 dBの曝露レベルでイルカに30分聞かせてもTTSが生じた。時間的な累積も考慮した新基準が必要である。また，聴覚システムに影響する音のレベルは，周波数と雑音環境に依存するため，聴覚感度の周波数依存性に合わせて重み付けをして評価する必要がある。

海生生物に対する騒音の曝露基準に関して科学的なガイドラインを示した最初の出版物は，Southallら[10)]によるレビュー論文である。なお，アメリカでは生物の個体ごとに着目して損傷レベルが考慮されるが，ヨーロッパでは個体群の持続可能性なども考慮されることが多い。Southallら[10)]では，つぎの三つが想定されている。

① 聴覚システムは，小さな音でも検出できるよう適応し，他の組織より音の曝露による損傷を受けやすい

② 音圧レベルでインパクトの度合いが決定される

③ PTSを引き起こすレベル以下が安全な騒音曝露の限界値とする

生物への騒音の影響を調べるには，曝露レベルと生物の聴力の2点を押さえる必要がある。人間を含め，哺乳類が感じる音のうるささは，曝露レベルだけに比例するものではなく，周波数にも依存する。哺乳類の耳は，蝸牛(かぎゅう)管の共鳴構造により内耳の段階で周波数フィルタを備えていることが知られている。音のエネルギーは，それぞれの周波数フィルタ帯域のなかで積分される。したがって，影響評価の際は対象種ごとに聴力を調べ，周波数ごとに重み付けをしなければならない。同じ音圧レベルであっても，広帯域の騒音と単一周波数の音波では，哺乳類の内耳に及ぼす影響は後者のほうが大きいと考えられる。

NOAAが2016年に打ち出した新基準[†]では，曝露時間と受信側の聴覚の両方を考慮したものとなっている。PTSが生じる曝露下限レベルを基準にしており，生物への曝露レベルの時間積分値を影響要因としている。また，感度がよい周波数ごとに海生哺乳類を5グループに分け，それぞれの聴覚感度を考慮することとしている。

† http://www.nmfs.noaa.gov/pr/acoustics/guidelines.htm

① 低周波に感度がよいヒゲクジラ

② 中周波に感度がよいマイルカ科のイルカや大型ハクジラ

③ 高周波に感度がよいネズミイルカ科のイルカやコマッコウ，カワイルカ

④ 比較的高周波に感度がよいアザラシ

⑤ アザラシより可聴上限が低いアシカ

の5グループである。

さらに，絶滅危惧種対象などの場合は，最大の影響を想定する。例えば，最大の騒音音圧，最小の伝搬損失，最高感度の聴覚，最小の背景雑音などを仮定して影響評価を行う。背景雑音の調査も重要である。背景雑音レベルの高い海域の場合には，曝露レベルがこれを下回ることがあり，この場合の騒音影響は考えにくい。

人間への水中騒音曝露は，時によって重篤で長期間にわたる影響を引き起こすことがある。例えば，Steevens ら[17]によると，潜水士に対して240 Hz，160 dBの音を15分曝露させたところ，被験者は，TTSは引き起こさなかったが，意識のふらつきや眠気，視覚のぼやけ，振動感などさまざまな症状が上告され，騒音曝露が終了してからも30分間これは引き続いた。3週間後になっても意識がふらついたり吐き気がしたりするなどの症状が続き，9か月後不眠症と騒音曝露の記憶薄れがあり，抗けいれん薬，抗抑制薬を使うまでになった。別の例では，潜水士に1 kHz，120 dBの音を15分曝露したところ，ゆるやかなTTSが観測され，軽い頭痛，興奮などが見られた。翌日，実験が終わっているにもかかわらず騒音の感覚は増すように感じられ，2週間後も引き続き同様の兆候が観察された。1年が経過しても完全には回復しなかった。以上のように，騒音曝露により聴覚システムの不具合だけでなく，長期にわたる神経系の不具合に悩まされる場合がある。前庭システムに強い刺激が加えられると，強い眼球運動にフィードバックがいくという報告もある[18]。

聴覚側での周波数の重み付けを勘案した損傷が引き起こされる受信レベルが曝露限界となる。しかし，これまでの陸生生物の研究によると，TTSとされていたが，じつは聴力が完全には戻らない例も報告されている。TTSはPTS

と異なり有毛細胞の変性ではないが，少なくとも興奮毒性に起因するような蝸牛神経末端の腫れによって引き起こされるようなものらしい[19]。したがって，可逆的なTTSは蝸牛求心神経の永続的な変性を導きうる。重篤なTTSの後，依然として有毛細胞が損傷を受けていなくても，神経の変性が聴覚処理への複雑な影響や，聴覚過敏，耳鳴りなどをもたらす可能性もある。また，重篤なTTSを繰り返すことによって影響が蓄積し，PTSのような状態になってしまう可能性もある[19]。これらの情報はSouthallら[10]の時点では組み込まれていなかった。

TTSの研究は，細心の注意を払って実験条件を設定しなければならないが，初期の海生哺乳類におけるTTSの研究では，そもそも雑音がある条件下で実施されており[14),16]，背景雑音によって音刺激がマスクされていた可能性も排除できない。また，年齢とともにTTSの影響の受けやすさは変わっていくという報告もあり，一般的な議論をするための実験に年老いた生物を使ってはならないという指摘もある[20]。人間においても，老化とともに聴力低下が起きる。これは特に高周波帯で甚だしい。

6.3　各種人工騒音の影響

6.3.1　船　舶　騒　音

船舶騒音は，海中の人工騒音のなかで最も一般的なものである（**図6.4**）。近年の貨物船は，高速のとき，30～300 Hzの音を175 dBもの大きさで発する[21]。

欧米では，1990年代から盛んに船舶航行の影響評価が行われてきた。Allenら[22]は，船舶の航行密度が異なる2か所で，ハンドウイルカの摂餌行動の頻度を観察している。密度の高いエリアでは，特にそれが著しく増加する週末（平均1.71隻/km^2），平日（平均0.67隻/km^2）と比べてイルカの摂餌場所が異なることを報告している。船舶航行密度の低い場所では，週末（平均0.53隻/km^2）と平日（平均0.17隻/km^2）で摂餌場所に大きな変化はなかった。イル

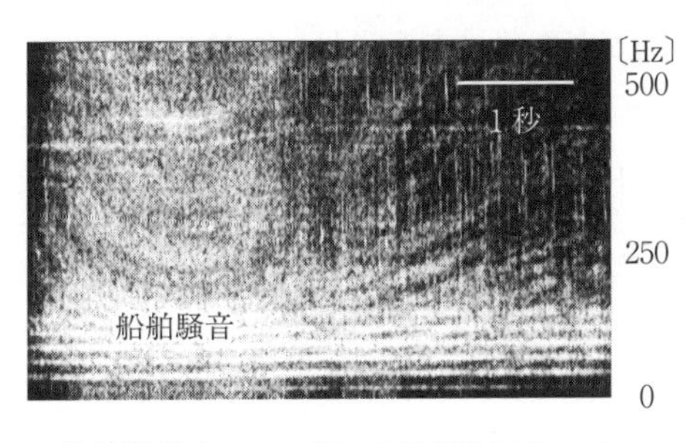

船舶騒音は，エンジンの回転数によって一定の周波数の音とその整数倍の成分で構成されるため，スペクトログラム上では横縞となって見える。U字型に見える高周波領域での明るい部分は，水底や水面反射音と直達波との干渉によって起きる。

図6.4 船舶騒音のスペクトログラム

カが船舶に対して直接的に忌避行動を示しているか，餌生物の分布が船舶の往来によって変化し間接的な効果が出ているか，いずれかの影響が考えられた。

このような影響は貨物船や漁船だけでなく，生物への接近を試みるウォッチング船でも見られる。Constantine ら[23]は，船舶数の多いときにはハンドウイルカの休息行動が減少することを報告している。Lusseau[24]も，観光船によりハンドウイルカが行動を変化する確率が高くなり，休息や社会行動が減少することを報告している。

以上のような船上からの行動観察に加えて，2000年代に入ってからは生物の音響行動の変化による影響評価も盛んになってきた。例えば，Buckstaff[25]は，船舶の発する音がハンドウイルカのホイッスルの周波数を変化させるかどうかを検証している。フロリダ州サラソタ湾に生息するハンドウイルカ約140頭は，日中6分に1隻の割合で100 m以内を船が通る環境に置かれている。録音の結果，ホイッスルの周波数や長さに変化はなかったが，船舶の接近前には有意に多くのホイッスルが発せられていた。Van Parijs と Corkeron[26]は，船舶交通とシナウスイロイルカの発声行動を比較した。これによると，船舶航行によるイルカのエコーロケーション音の発声頻度は変化がなかったものの，

1.5 km 以内を船が通行した後は有意に母仔ペアのホイッスルの発声頻度が増え，仔を含まないグループでは有意に減った。船の接近前により頻繁にホイッスルを出すことで，母仔の個体間距離をより小さくして個体間の結び付きをより強くしていると考えられる。あるいは，単に騒音にマスクされないように努力量を上げたり[25]，逆に発声を停止したり[26]して対応しているのかもしれない。

Jensen ら[27]の研究では，浅い海域を航行する船の音と音響伝搬状況を調べ，浅海域のハンドウイルカと深海域のコビレゴンドウのコミュニケーション範囲に船の音がどう影響するかを計算している。これによると，5 ノットで走行する比較的小型の船は，ハンドウイルカのコミュニケーション範囲を 26%（50 m）減少させる。より静かな深海域においては影響がさらに深刻で，コビレゴンドウのコミュニケーション可能範囲は最大で 58% も狭められる。船速を上げたときのキャビテーションノイズがコミュニケーション範囲に大きな影響を与えるようだ。キャビテーションとは，第 1 章のテッポウエビ音で説明したとおり，圧力差により流体中で泡が短時間に発生・崩壊する現象であり，船ではスクリュープロペラで生じる。また，船舶が出す音のなかでも，ギアシフトの際に瞬間的に出る広帯域の音は 200 dB にも達する。ホエールウォッチング船は，生物の近くで 21 秒に一度という高い頻度でギアシフトすることも報告されている[28]。そもそも，ギアシフトを伴う船舶の予測不能な動きは生物の行動に与える影響が大きいため[29]，できるだけ少ない回数にして影響を低減させることが重要である。

Gervaise ら[30]は，セントローレンス湾のホエールウォッチング船とフェリーが行き交う海域で，船舶騒音によるベルーガへの影響を調べている。これによると，フェリー交通により背景雑音は最大で 30 ～ 35 dB も増加する。昼間の時間平均値でも自然の背景雑音レベルからは 8 ～ 14 dB の上昇が認められ，つねにうるさい状態である。ホエールウォッチング船はこれに加えてさらに 5.6 dB もの騒音を付加する。このような状況下ではベルーガのコミュニケーション範囲は最大で 30% も減少してしまう。

セミクジラの場合，騒音が減るとストレスホルモンの代謝が低下するという報告がある[31]。2001年，ニューヨークで同時多発テロが発生した後に，船舶航行が激減した時期があった。このときアメリカ東海岸のファンディー湾では，150 Hz以下の騒音レベルが6 dB減少した。この時期に，セミクジラの排泄物を収集して，ストレス指標となるホルモン代謝物（グルココルチコイド）の変化を調べたところ，2001年の9月11日を境に有意に下がった。それ以降の年の同じ日を境にした比較では，この差は認められなかった。

同じセミクジラの研究で，背景の騒音レベルが高くなるほど声の受信レベルが高くなったが，周波数や声の長さには変化が認められなかった[32]。高い騒音レベルで発声音圧を大きくすることは，多くの生き物で見られる適応の一例である。

騒音レベルが大きくうるさいときに，静かなときと同じ大きさの声でコミュニケーションをとろうとしても，あまり声が届かず通信可能距離が短くなってしまう。これでは，ひいては群れの維持や繁殖にまで影響を及ぼす可能性がある。そこでうるさい状況下では，多くの生き物たちが発声音量を増加させる。これにより円滑なコミュニケーションがとれれば問題ないような気がしてしまうが，じつはそう簡単ではない。大きな声を出すには，より多くのエネルギーを必要とする。実際に，Holtら[33]では，飼育ハンドウイルカに大きな声で鳴くように訓練をして実験したところ，大きな声を出す際はより多くの酸素が消費され，代謝率の増加も認められた。

海洋生物への騒音の曝露基準に関して最初に科学的ガイドラインを示したSouthallら[10]では，ハンドウイルカなどで調べられた騒音影響範囲の値をそのままネズミイルカなどに適用していた。しかし，第1章や第4章で述べたとおり，ハンドウイルカが属するマイルカ科のイルカとネズミイルカが属するネズミイルカ科のイルカでは，使用する音の周波数帯および可聴範囲が異なっている。近年のネズミイルカの研究では，以前ベルーガやハンドウで報告されていたよりも小さい値でTTSを引き起こしうるという報告もある[34)~37]。Dyndoら[38]によると，船舶騒音に含まれるごく小さな高周波成分にもネズミイルカは行動応答を示すようである。

なお，Nabe-Nielsena ら[39]は，デンマークに生息するネズミイルカについて，騒音と漁網による混獲の影響を比較しているが，騒音よりも混獲のほうが，個体群の存続性にはるかに大きな影響を与えるという結果が導き出されている。騒音は，Richardson ら[8]がいうところの zone 4（図 6.3 の損傷するレベル）以下のレベルで，個体の生命に直接的な影響を与えるわけではない。当然のことながら，直接的に生物の生存に影響のある混獲のほうが，よりインパクトが高いことも十分考えられる。

これまで，船舶騒音については，最もエネルギーが強く，より遠くまで伝搬する低周波にばかり注目が集まっていた。騒音影響に関する研究も，低周波に感度のよい大型のヒゲクジラが中心であった。しかし，船舶騒音は中周波，高周波成分も含む場合があり，アセスメントの際には中・高周波に高い感度をもつ生物への影響も個別に調査するが必要があるだろう。

6.3.2　潜水艦探知ソナー

強いレベルの衝撃的な音は，水中生物，特に鯨類や鰭脚類に影響がある（文献 40)，41）でレビューされている)。人工音源のなかでも特定の周波数帯域にエネルギーが集中するのは，潜水艦のソナーであろう。昔の潜水艦探知は，スクリュー音を受信して位置を特定していた。ところが，技術向上により潜水艦が静かになったので，世界に張り巡らせた聴音システムだけでは十分にとらえられなくなってきた。そこで，大きな音を出して潜水艦から跳ね返ってきたこだまを聞くソナー技術が用いられている。

アカボウクジラ科のクジラたちは，潜水艦が発する軍事用のソナー音によって深刻な影響がある可能性が指摘されている。1996 年に地中海で起こったアカボウクジラの集団座礁は，NATO の軍事ソナー演習が関連していると考えられた[7]。このソナーは，原子力潜水艦を探査するためのもので，最大で 230 dB というほぼ爆発に近い非常に大きな低周波音を発射する。スペクトルのピーク周波数は 250 Hz ～ 3 kHz である。座礁したアカボウクジラは，特別な病変や外傷などがなく，胃に新鮮なイカ類が入っていたため，第 2 章で紹介したような深海での摂餌中にソナー音曝露にあったのではないかと考えられた。

この発表では間接的な証拠しか提示されなかったが，以後アカボウクジラ科のクジラの座礁とソナー音に関して研究が進み，より直接的な影響証拠も示された[42]。座礁につながるいちばんもっともらしい仮説は，ソナー音曝露により驚いたクジラたちが急浮上することにより，組織内で気体分圧の過飽和が起こり潜水病に陥って死に至るのではないかというものである[43),44]。音波の直接影響も仮説から排除されていない。ソナーから数十 m 以内で受波音圧 200 dB 以上で曝露されると瞬時に過飽和（100 ～ 223%）になる[45]といった試算もある。

2.2 節で紹介したように，Tyack ら[46]は，音響データロガー DTAG を生物に直接装着して，アカボウクジラ，コブハクジラの発声行動を記録したデータを用いて潜水行動を詳細に調べているが，2 種のクジラは潜降時より上昇時のほうがゆっくりと深度を変える。キタトックリクジラでも，上昇時，水面近くになるとゆっくりと水面に上がってくることが知られている[47]。潜水病を避けるための減圧をしていると解釈できなくもない。上昇率が下がらない場合，肺動脈などの窒素分圧が急激に減少して過飽和となり，血液中に気泡が生じる可能性が高くなる。なお，Hooker ら[48]では，アカボウクジラ，コブハクジラ，キタトックリクジラの潜水データを使って，おのおのの血液中と組織内の窒素分圧を計算し，潜水病の生じやすさを比較している。潜水した後の窒素分圧はアカボウクジラが最も高く，3 種では減圧症リスクが最大と考えられた。これまでアカボウクジラの座礁の多さは，中周波数ソナー使用水域における資源量の多さが原因と考えられていたが，このような生理反応の違いも原因の一つかもしれない。

実際にソナー音に曝露されるとクジラたちはどういう反応を見せるのか？Tyack ら[49]は，バハマの軍事ソナー演習実施海域でコブハクジラに DTAG を装着し，放音タイミングに合わせてクジラたちの行動を観察した。コブハクジラは騒音曝露にあうと，深海でのエコーロケーションを止め，ソナーから 16 km 以上遠くに泳ぎ去ってしまった。音源海域に戻ってくるのに 2，3 日を要した。シロナガスクジラは，地底探査音によって発声行動が活発になり，コミュニケーション頻度が高くなるという報告もある[50)]。

Mann ら[51)]は，8 種類の鯨類種の座礁個体を調べ，イルカにも聴覚障害を患うものがあると報告している。2004 年から 2009 年までに混獲，座礁した個体の聴性誘発電位（auditory evoked potential, AEP）を調べたところ，57% のハンドウイルカと 36% のシワハイルカにおいて，70 ～ 90 dB の深刻な聴覚感度減少が起こっていた。また，コビレゴンドウ一例において，完全な聴覚損失が認められた。聴覚障害は，座礁の何割かにおいて非常に深刻な影響をもたらしているようだ。

6.3.3 エ ア ガ ン

地震，海底に眠る鉱物，地形・地質構造などの研究，探査のために使用されるエアガン（airgun）も非常に大きな音を発する（**図 6.5**）。高圧の空気を水中で瞬間的に開放し，非常に大きな音源音圧レベルの低周波パルス音を発生させる。この音波は海底を突き抜け，地中のさまざまな構造から反射されるため，海底下の地質構造を知ることができる。このため，海底資源開発では必須のツールとなっている。

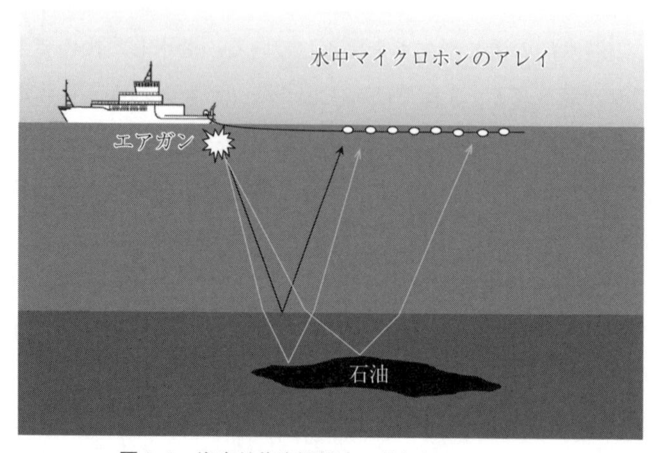

図 6.5　海底鉱物資源探査に使われるエアガン

エアガンが出す音の成分のなかでも，やはり遠くまで伝搬する低周波音が注目され，大型ヒゲクジラへの影響を調べた例が多い。例えば，ザトウクジラではエアガンから 3 km 離れた 140 dB の曝露レベルで逃避行動が誘発されると予想された[52]高周波に感度がよいイルカでは，聴覚への生理的なダメージは小さいものの，行動変化は音源から数 km 先でも起こると予想されている[53]。エアガンの運用によって動物プランクトンの死亡率が高まるという報告もあり[54]，大きな音圧の音源が海洋生物に及ぼす影響が懸念されている。

騒音による大型クジラの行動への影響を操作実験によって直接調べた例もある。メキシコ湾でマッコウクジラに装着した音響記録計 DTAG（2.2 節参照）から，エアガンの音がクジラに与える影響が調べられた[55),56]。曝露音圧レベルが 140 ～ 160 dB になるよう実験をデザインし，音源から 1.4 ～ 12.6 km の距離で 8 個体のマッコウクジラにエアガン音を曝露した。クジラは反射音などを含め複数のパルス音に曝露されたが，実際の曝露音圧レベルは 131 ～ 167 dB であった。ただし，曝露音圧はクジラがいる深度帯によって変化しており，特に音源から 6 km 以上遠くなると，音響伝搬の複雑さゆえに曝露音圧と音源からの距離は相関しなかった。通常エアガンの成分に含まれていない 0.3 ～ 3 kHz の音にも曝露されていたが，これは，エアガンの出す音の倍音成分と考えられた。

DTAG を装着した 8 個体のマッコウクジラの行動を精査した結果，6 個体はエアガン音曝露中も，中断なく摂餌潜水を続けた。別の 1 個体はエアガン音がスタートしてから深く潜水したが，その後は浅い潜水を繰り返し，曝露後に再び深い潜水をスタートさせた。忌避行動ととらえることもできるが，マッコウクジラが長い潜水の間に短い潜水を繰り返すことはよくあるので，断定はできない。もう 1 個体は，音源の最も近くにいて，エアガン音曝露中ずっと休息を継続していた。エアガン音が止むと 4 分後に摂餌を開始したため，音の影響によって摂餌の開始が妨げられていた可能性も考えられる。エアガン音曝露中に遊泳していた（休息をしていた 1 個体以外の）7 個体の遊泳方向には特別な変化がなく，回避行動などは見られなかった。ただし，移動努力量は 4%，摂餌率は19%ほど低下しており，摂餌指標であるバズ音（2.2節参照）の発声頻度はエアガン発射位置と相関関係にあった。これらの数値で統計的な有意差は検出されなかったが，エアガンが使われている時間に移動や摂餌を減らし，エネルギー消費を抑えている可能性が考えられる。

アメリカにおいて，少なくとも2000年代初頭の段階では，海生哺乳類の聴覚に影響する騒音レベルが180 dB，行動に影響する騒音レベルが160 dBと設定されているが，彼らの研究では規制値より低い140～160 dBでもマッコウクジラに影響がある可能性が示唆されており，さらに研究を進め規制基準を検討していく必要があるだろう。

エアガン音は比較的低い周波数帯であるが，高周波に感度がよい生き物も，これが完全に聴こえないわけではない。飼育下におけるネズミイルカの実験によると，4 kHzの音を174 dB（曝露レベル145 dB）で曝露すると行動応答が見られ，199.7 dB（曝露レベル164.3 dB）ではTTSが生じた[34]。しかし，Thompsonら[57]では，地底探査音曝露実験中のネズミイルカのエコーロケーション音検出数はいくぶん下がるものの，すぐに回復するため長期的影響は低いとしている。

海生哺乳類以外の生物に関しては，例えばエアガン音によってイカ類の平衡胞組織が損傷するという報告がある[58]。エアガンの近くでは動物プランクトンの死亡率が高まったという観察もある。先述のとおりエアガン音はかなり音圧レベルが高く，多くの水中生物に対して直接的，間接的影響が懸念される。

6.3.4　洋上風力発電所

第5章で述べたとおり，再生可能エネルギーの主力として期待される洋上風力発電所（**図6.6**）の建設が各国で進んでいる。海生哺乳類に対する洋上風力発電の建設時および稼働時の騒音影響については，Madsenら[59]に非常によくまとまっている。洋上風力発電では稼働時騒音より建設時の杭打ち音がはるかに大きく，近くにいる生物は聴力障害を引き起こす可能性がある。2015年時点で，杭打ち音の影響は，低周波で20 km，中周波で1～7.5 km程度，高周

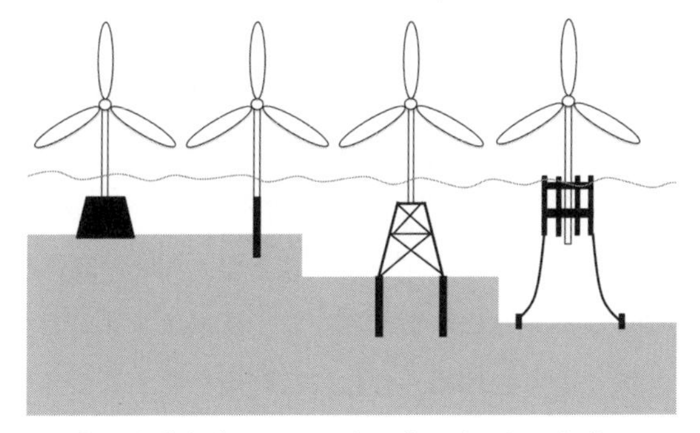

左から重力式，モノパイル式，ジャケット式，浮体式。工法によって発生する騒音が異なる。モノパイル式での杭打ち音がなかでも最も大きな音源音圧レベルをもつ。

図 6.6 洋上風力発電の各種風車例

波で 200 m まで生物に影響があると結論付けられている[60]。

一方で，稼働中の風力発電所は比較的静かなため，対象生物の聴力（低周波をどれだけ聴けるか），音響伝搬状況，背景雑音を含む他の騒音の有無，の 3 点によって影響が変化する。この節では，洋上風力発電所建設中と稼働中の 2 パターンに分けて騒音の影響を解説する。

魚類については Wahlberg と Westerberg[61]にレビューがある。このなかで，魚は数 km 先でも風車の騒音影響がある可能性が指摘されているが，そもそも魚類の行動について基礎的な知見が欠けているため，現時点で影響を断定するのは難しい。ただ，特筆すべき点として，杭打ちの音に関しては 210 dB という非常に大きな曝露音圧レベルで，ストライプドバスの内耳の有毛細胞に損傷が認められている[62]。

〔1〕 **建設中の音**　洋上風力発電所の建設では，通常，プロファイリング，船舶操業，杭打ち，溝掘り，掘削などのすべてが含まれる[63]。すべての活動において騒音が発生するが，音の強さや持続時間，周波数はすべて異なっている[8]。上述のとおり，洋上風力発電に関した騒音のなかでは，建設における杭打ちが最も大きい。ただ，この杭打ち作業は洋上風力発電の躯体構造（図 6.6）によって異なる。基礎を地中に埋め込むタイプの建設には必要であるが，

コンクリートを基礎として海底に置くだけの重力式では不要である。しかし，重力式でも地ならしなどが必要であり，建設工事中の騒音問題はいずれにせよ存在する。

杭打ち音に関して，騒音を測定した先行研究がいくつかある[64)～66)]。これらによると，パイルを打ち込むハンマーの大きさや，海底の底質などによって，発生する騒音の音圧レベルと周波数が異なる。風車は非常に大きいので，ハンマーも必然的に大きくなり，埋め込むのに数時間を要することもある。

Rodkin と Reyff[66)]で示された杭打ち音は，500 Hz 以下にエネルギーが集中している。過大推定の可能性は排除できないが，100 m の距離で音圧レベルが 200 dB であったという報告もある。

これまでに洋上風力発電の杭打ち騒音の影響が最もよく検討された水中生物種は，ヨーロッパに生息するネズミイルカであろう。ネズミイルカは冷水性で，ヨーロッパの大陸棚に沿って生息するため，さまざまな人間活動の影響が懸念される[67)]。デンマークの例では，Nysted 海域で，杭打ち工事前に比べて工事中には明らかにネズミイルカの音響的検出数が減少し，杭打ちが終わると数日で活動度がもとに戻ったことが報告されている[68),69)]。HornsReef 海域では，80 基もの風車が建設されたところ，建設中はネズミイルカの減少が見られたが，建設後の回復は比較的速かった[70)]。杭打ち期間以外は，方向性の定まらない遊泳が多かったが，杭打ち期間は方向性のある遊泳が多かった。これは杭打ちを行っていないときには摂餌等の探索行動が見られ，杭打ち中は移動をしていたことを示唆する。音響でも目視でも，杭打ち期間中は 15 km の範囲で影響が及んだと報告されている[69),70)]。

ネズミイルカは，そもそも音刺激によってどのような反応を見せるのか？アメリカの騒音基準のもととなった Southall ら[10)]の研究では，広帯域でさまざまな種類の音を発するマイルカ科のイルカの実験データをもとに，高周波で狭帯域の音しか発しないネズミイルカに騒音基準を適用したので，Tougaard ら[60)]で再検討が行われた。なお，Popov ら[71)]がスナメリの聴覚を調べ，ネズミイルカと大差がないことを報告していることから，この論文ではネズミイルカとスナメリへの影響は同じと仮定して議論を進めている。スナメリは，アジアの沿岸域にのみ生息する温水性の種であり，日本には両種とも生息する。

Tougaard ら[60]には，2001 ～ 2013 年に発表された 11 の研究のまとめが示されている。これには，洋上風力発電所建設の杭打ち音だけでなく，警鐘アラーム音やピンガーを使った研究も含まれる。論文によって使用音の卓越周波数，周波数帯域幅，周波数変調や倍音の有無などが異なるため，音の影響が及ぶ範囲は異なるが，例えば杭打ち音の影響は 18 km から 25 km 先まで及ぶ。また，40 km 先ではネズミイルカの反応行動は観察されなかった（40 km 先の曝露レベルは 120 dB である[72]）。広範囲の調査は非常にたいへんなので，音圧を小さくし（186 dB），杭打ち音のプレイバックをしたところ，受信音圧 130 dB になる 200 m 程度までネズミイルカは忌避行動を示した。

50 Hz ～ 60 kHz をコミュニケーションに使う鰭脚類[8]はどうだろうか。デンマークでは，大型風車建設におけるシートパイル杭打ちの際，上陸場に揚がるゼニガタアザラシの数が 10% から 60% 減少したと報告している[73]。ただし，反応は短期間のもので，長期的に統計的有意な影響は観察されていない。Teilmann ら[74]でも，橋梁の建設中は上陸個体数が減少したがその後回復すると報告があり，アザラシは，直接的な脅威とならないものに対しては耐性が高いのかもしれない。洋上風発以外の掘削に対する水中騒音影響評価事例でも，Northstar 島のワモンアザラシは，受信音圧レベル約 150 dB の杭打ち音に対して大きな反応を示さなかったという報告がある[75]。第 1 章で述べたように，完全に水中生活に適応した鯨類よりも，アザラシ類は水中における騒音の影響を受けにくいと考えられる。

〔2〕 **稼働中の音** 稼働中の洋上風車から発せられる音源レベルは 150 dB 程度と小さい（表 6.1）。また周波数も 1 kHz 以下にほとんどのエネルギーが集中する。**図 6.7** は，バルト海にある洋上風力発電所で，風速が異なるときに録音した背景雑音と操業騒音である。操業騒音の周波数成分は，風車の機械的な構造と結び付いており，風速によって大きく変わるわけではなさそうである[76),77]。図から読み取れるように，稼働中の騒音レベルは風の強さに

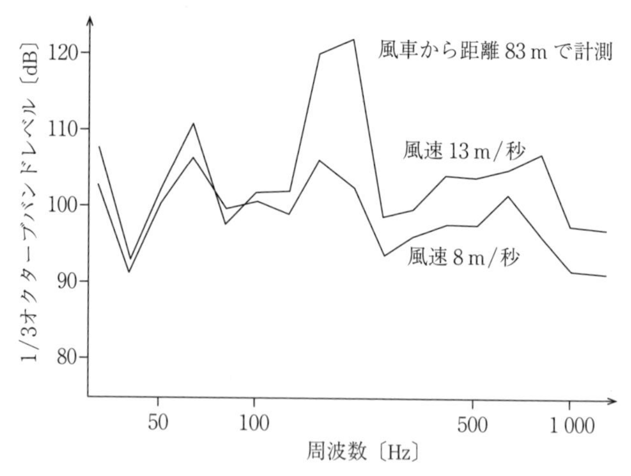

稼働中の風車から発せられる音は 180 Hz 前後の低い周波数である（文献 59）から風車音のスペクトルを抜粋）。ただし，発生する音は風速などにより異なる。

図 6.7　バルト海で計測された風速 8 m/ 秒および 13 m/ 秒時の洋上風車の騒音

よって変化した。計測点が風車から 83 m であり，球面拡散を仮定すると，この場合も風車の音源レベルは 160 dB 程度と推定される。風車が多数立ち並ぶファームにおいても稼働雑音の計測が行われている[78)]。騒音の音源音圧は 150 Hz で 95 dB，25 Hz で 115 ～ 132 dB である。風車から発せられる水中音は低周波に局在しており，杭打ち音に比べると音源レベルははるかに低い。

〔3〕　音の伝搬と生物影響　　反射物がない十分に深いところでは，音は球面拡散する。音源からの距離 r〔m〕とすると，伝搬損失は $20 \log r$ で表される（3.2.3 項参照）。しかし，洋上風力発電所の建設が想定されている浅い海域では，単純な球面拡散を適用できない。特に着床式で杭が打てるほど浅い海域では伝搬特性は大きく異なる。最初は球面で拡がった音波は，浅い海域では海底と海面で反射され，円筒状に拡散する。するとエネルギーの拡散減衰が小さくなり，伝搬損失は $10 \log r$ で表される。実際には底質や海底地形，海面の荒れによっても伝搬特性は変化するため，シミュレーションや実測により音響伝搬を予測するしかない。例えば，図 6.7 で報告された騒音レベルは，バルト

海のUtgrunden風力発電所で測定されたが，このときの伝搬損失は13 log rと報告されている[77)]。

洋上風力発電機の騒音は，500 Hzを超える周波数成分をほとんど含まないようである[76)]。イルカ類などの低周波領域で聴覚感度が悪いグループは，どう見積もっても200～500 m以上の範囲では稼働中騒音による聴覚への深刻な影響はなさそうである。むしろこうした低周波は，ヒゲクジラ類やアシカ類への影響が強いと予測される。Nowacekら[79)]は，受信音圧134～148 dBの音でタイセイヨウセミクジラが非常に強い逃避行動を示すことを記録した。Richardsonら[8)]は，穿孔船や掘削音のプレイバック実験によって，ホッキョククジラが110 dBの音圧でも反応を示すのではないかとまとめている。掘削やドリルによって発生する音は100 Hzで160 dBになることもある[8)]。船舶の音源音圧レベルも160 dB程度である。風車から出る音は類似の周波数帯だが音源音圧レベル150 dB程度と小さい。

風車の建設場所にもよるが，着床式の場合，ヒゲクジラのなかでも沿岸に近寄ってくるザトウクジラ，セミクジラ，コククジラ，ミンククジラなどに注意が必要だろう。例えば，セミクジラは20～1 000 Hzの音声を137～162 dBで発するが，連続して稼働している風車の音が数km以上にわたって背景雑音レベルを超え，聴覚やコミュニケーションへのマスキングをもたらす可能性はある。一方で，日本の特に南岸ではテッポウエビなどの生物由来の背景雑音レベルが高く，洋上風車の稼働音によるマスキング距離はかなり短い。

浮体式で沖合に設置される風車の場合，ナガスクジラやシロナガスクジラといった外洋性で低周波に感度のよい種に注意が必要だろう。浮体式はまだ日本では商用レベルとなっていないが，沖合に多くの風力資源があることはわかっているためこれから実用化され発電量が伸びていくと考えられる。試験的に，2015年6月，福島沖に7 MWの大型機の設置が開始された。風車の直径は2倍以上。風車部分には長さ約82 mの翼が3枚あり，翼が垂直になった状態での海面からの高さは189 m。50階建て前後の高層ビルに匹敵する。水深30 mで計測された全周波数帯での水中音圧レベルは，冬季では119.9～123.8 dB

であった[80)]。浮体式は工事中も杭打ち音は発生しないが，水中部分の躯体がとても大きいため，これを通して稼働中の騒音は海中に拡がる。浮体式風車の低周波騒音が大型ヒゲクジラに及ぼす影響はほとんど情報がない。今後さらに研究を進めていかなければならない分野である。

アザラシ類も比較的低周波に感度がよい。アゴヒゲアザラシは，マスキングの影響があると自分が出す音の周波数を変えることがわかっている。音声コミュニケーションをする多くの生き物に見られる反応である。すなわち他種のアザラシ類も同様の行動をする可能性がある[81)]。ただし風車の稼働騒音の周波数帯よりも，アザラシが発する音の周波数帯域が広いため，マスキング効果の影響は低周波でのコミュニケーションに限定されるかもしれない。Koschinskiら[82)]は，稼働中の騒音をプレイバックしてゼニガタアザラシとネズミイルカへの影響を調べている。秒速8 m の風車から発せられる 500 kW の風車の騒音[76)]を 2 MW のタービン音になるよう修正をかけ，両種が高い密度で生息する海域で放音した。表層での行動をセオドライトで観察したところ，ネズミイルカでは音源から 0 ～ 60 m で，ゼニガタアザラシは 200 m までの範囲で，表層での行動が通常より少なくなった。ただし，この研究では，観察に使用した飛行機そのものが影響してしまった可能性を排除しきれない。いずれにせよ影響が及んだ可能性のある範囲は最大でも 200 m であり，影響は小さかったといってよいだろう。

近年の貨物船は，高速のとき，30 ～ 300 Hz で音源音圧レベルは 175 dB もの騒音を発し[83)]，大型コンテナ船であれば 20 ～ 1 000 Hz で 188 dB である[84)]。2 MW 風車の稼働中の騒音より 50 ～ 60 dB 大きい。洋上風車の稼働音で注意すべきなのは，むしろ長い時間にわたって一定の海域に低周波音が拡がることであろう。音の影響は曝露音圧レベルだけでなくその継続時間も重要である。Nachtigall ら[16)]によると，小さい音でも長く曝露し続けると生物が聴覚感度の一時的な低下を起こしてしまう場合がある。洋上風力発電が建設，稼働される予定地に，どのような生物がいて，その水域をどのように利用しているかを調べ，影響をできるだけ軽減できるよう努めていかなければならない。

6.4 海洋生物への警報音

ここまでの節では，意図せずして生物に影響を与えてしまう人工騒音を扱ってきた。しかし逆に，意図的に音を出して生物の行動を制御してしまおうという例もある。音源は，ピンガーと呼ばれる音響アラームである。これは，イルカやアザラシが漁網に絡まる混獲を防ぐ目的や，漁網に絡まった魚を食べられてしまうのを防ぐ目的で設置される。

音響アラームには2種類ある[85)]。一つは，混獲を減らす目的でつくられ，150 dB 以下の比較的小さい音を出す ADD（acoustic deterrent device）。もう一つは，185 dB 以上と大きい音を出す AHD（acoustic harassment device，seal scarer，アザラシ用カカシとも呼ばれる）。後者は，もともと海洋牧場からアザラシが魚を奪っていくのを防止するために開発された[86),87)]。しかし，イルカ類によるさまざまな漁業被害に対して世界中で懸念が高まり（文献 88）にレビューがある），中間的な出力でイルカ類（特に沿岸性のハンドウイルカ）に対しても使われるようになっている。つまり，現時点では使用目的で明確に2種類を分類することができない。

欧米では，Lien ら[89)]によって音響アラームのプロトタイプが開発されて以来，数多くの実験がされてきた。特に沿岸性のネズミイルカに対する実験は，飼育下[90),91)]，および野生下[92)]で実施され，ピンガーあるいは疑似ピンガー音により，イルカが忌避行動を見せるという結果が得られている。作動しているかどうかが漁業者にわからないように設置されたピンガーでも，ネズミイルカの混獲が有意に減少した。

Dawson ら[93)]は，特に刺し網への混獲を軽減する目的で使用されるアラームについてレビューしている。沿岸性イルカ類にとって，刺し網への混獲が非常に大きな脅威となるからである。かれらは，ネズミイルカだけでなくラプラタカワイルカ，マイルカ，スジイルカ，アカボウクジラ科のグループでも実験を行っており，50～60% 程度混獲が減少するようである。しかし，オーストラリアカワゴンドウとシナウスイロイルカに対する実験では，少しだけ行動応答が見られたものの，逃避行動は音刺激のない対照実験と差がなかった[94]。

ピンガーは，ハンドウイルカによる食害を減らすためにある程度は効果があるようだが，ピンガー付きのネットでも食害は生じる。また，動物種によって効果に差があるようである。例えば，アラームが動作していないときにイルカがより多く来遊したが，その効果はネズミイルカよりもハンドウイルカで低かった[92),95]。一方 Leeney ら[96]は，ハンドウイルカがピンガーの使用により即座にその水域からいなくなったと報告している。Brontons ら[97]はピンガーによりハンドウイルカの食害が 49% 減少したと報告しているが，ピンガーの機種によっても結果は異なるようである。

ゼニガタアザラシの食害対策でピンガーを使用した場合，効果があるという報告もある（**図 6.8**）が[98),99]，一方でハイイロアザラシは逆にこの音を餌の指標として使うため逆効果だという報告もある[100]。また，アザラシ避けのために使われるピンガーの使用により，ネズミイルカは 2.4 km[101]，7.5 km（推定曝露音圧レベル 113 dB[102]）先でも影響があることが指摘されている。

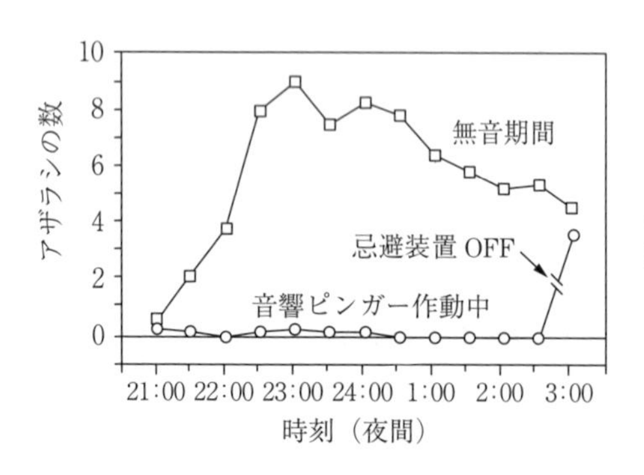

この例ではピンガーにより顕著にアザラシが当該海域に現れなくなったことが示されている。

図 6.8　ピンガーによるアザラシの出現数の減少[98]

以上のように，同じピンガーを警報用に使用しても，種によって（あるいは，地域・個体群などの差にもよって）反応が異なる。先行研究をまとめると，少なくともネズミイルカには比較的効果があるといえるだろう。ネズミイルカに対しては，ピンガー使用によって逆に重要な生息域を奪うことにつながりかねないと懸念する研究もある[103]。今後，長期的に使用することで新たに馴化などが起こる可能性もあり，さらなる検証が必要であろう。

6.5 静かな海の回復へ向けて

騒音源の多様化と海洋生物への聴覚や行動への影響が明らかになるにつれ，水中音の影響評価基準の策定が必要となってきている。これはすでに懸念というレベルではなく，国際標準化機構（ISO）や国際海事機構（IMO）あるいは生物多様性条約（CBD）で真剣な議論が始まっている。私たちが知らない間に，海の生き物への騒音の影響は国際的に注目される話題となっている。

国際静音海洋実験（International quiet ocean experiment）という途方もないプロジェクトが各国を巻き込んで始まろうとしている[5)]。海の交通や工事をすべて止めたら，つまり産業革命以前のすごく静かな海になったとしたら，いったい何が起こるだろうか。実際にそんな実験を世界的規模でできるわけはないが，地域を限定した静音実験海域の選定や観測プロトコルについての議論が進んでいる。例えば，地球温暖化に伴い北極海航路の開拓が進んできた。ベーリング海峡を抜け，北ヨーロッパに向かう航路は，南回りでスエズ運河を抜けるよりはるかに効率的である。しかし，これまで人口騒音源が少なかった北極海に貨物船が多数通るようになると，背景雑音レベルが上昇し，ホッキョククジラなどの絶滅危惧種への影響が懸念される。まだ利用船舶の少ない現段階での基準となるデータを着実に取得し，数年間にわたって水中録音を続けることによって，北極海の騒音レベルの上昇やそれに伴う海洋生物の音声行動，さらにそれに影響を及ぼすマスキング効果の経年変化の有無を確認する必要がある。

引用・参考文献

1) Slabbekoorn, H., et al.：A noisy spring: the impact of globally rising underwater sound levels on fish, Trends in Eecology & Eevolution, **25**, 7, pp. 419–427 (2010)

2) Hildebrand, J. A.：Anthropogenic and natural sources of ambient noise in the ocean, Marine Ecology Progress Series, **395**, pp. 5-20 (2009)
3) Andrew, R. K., et al.：Ocean ambient sound: comparing the 1960s with the 1990s for a receiver off the California coast, Acoustics Research Letters Online, **3**, 2, pp. 65-70 (2002)
4) Andrew, R. K., B. M. Howe, and J. A. Mercer：Long-time trends in ship traffic noise for four sites off the North American West Coast, The Journal of the Acoustical Society of America, **129**, 2, pp. 642-651 (2011)
5) Boyd, I. L., et al.：An international quiet ocean experiment, Oceanography, **24**, 2, pp. 174-181 (2011)
6) McCauley, R. D., et al.：Widely used marine seismic survey air gun operations negatively impact zooplankton, Nature Eecology & Eevolution, **1**, 7, p. 195 (2017)
7) Frantzis, A.：Does acoustic testing strand whales?, Nature, **392**, 6671, p. 29 (1998)
8) Richardson, W. J., C. R. J. Greene, C. I. Malme, D. H. Thomson：Marine mammals and noise, Academic Press, London (1995)
9) 日本水産資源保護協会：航空機騒音が魚類の行動に及ぼす影響に係る資料収集等調査報告書 (1988)
10) Southall, B. L., et al.：Overview, Aquatic mammals, **33**, 4, p. 411 (2007)
11) Ellison, W. T., et al.：A new context-based approach to assess marine mammal behavioral responses to anthropogenic sounds, Conservation Biology, **26**, 1, pp. 21-28 (2012)
12) Kastak, D., et al.：Underwater temporary threshold shift induced by octave-band noise in three species of pinniped, The Journal of the Acoustical Society of America, **106**, 2, pp. 1142-1148 (1999)
13) Schlundt, C. E., et al.：Temporary shift in masked hearing thresholds of bottlenose dolphins, *Tursiops truncatus*, and white whales, *Delphinapterus leucas*, after exposure to intense tones, The Journal of the Acoustical Society of America, **107**, 6, pp. 3496-3508 (2000)
14) Nachtigall, P. E., J. L. Pawloski, and W. W. L. Au：Temporary threshold shifts and recovery following noise exposure in the Atlantic bottlenosed dolphin (*Tursiops truncatus*), The Journal of the Acoustical Society of America, **113**, 6, pp. 3425-3429 (2003)
15) NMFS：Small takes of marine mammal incidental to specified activities; offshore seismic activities in southern California, Federal Register, **60**, 200, pp. 53753-53760

(1995)

16) Nachtigall, P. E., et al. : Temporary threshold shifts after noise exposure in the bottlenose dolphin (*Tursiops truncatus*) measured using evoked auditory potentials, Marine Mammal Science, **20**, 4, pp. 673-687 (2004)

17) Steevens, C. C., et al. : Noise-induced neurologic disturbances in divers exposed to intense water-borne sound: two case reports, Undersea & Hhyperbaric Mmedicine, **26**, 4, p. 261 (1999)

18) Parker, D. E., R. L. Tubbs, and V. M. Littlefield : Visual - field displacements in human beings evoked by acoustical transients, The Journal of the Acoustical Society of America, **63**, 6, pp. 1912-1918 (1978)

19) Kujawa, S. G., and M. C. Liberman : Adding insult to injury: cochlear nerve degeneration after "temporary" noise-induced hearing loss, Journal of Neuroscience, **29**, 45, pp. 14077-14085 (2009)

20) Finneran, J. J., and C. E. Schlundt : Frequency-dependent and longitudinal changes in noise-induced hearing loss in a bottlenose dolphin (*Tursiops truncatus*), The Journal of the Acoustical Society of America, **128**, 2, pp. 567-570 (2010)

21) NRC (National Research Council) : Ocean noise and marine mammals. NRC, Washington DC (2003)

22) Allen, M. C., and A. J. Read : Habitat selection of foraging bottlenose dolphins in relation to boat density near Clearwater, Florida, Marine Mammal Science, **16**, 4, pp. 815-824 (2000)

23) Constantine, R., D. H. Brunton, and T. Dennis : Dolphin-watching tour boats change bottlenose dolphin (*Tursiops truncatus*) behaviour, Biological Conservation, **117**, 3, pp. 299-307 (2004)

24) Lusseau, D. : Effects of tour boats on the behavior of bottlenose dolphins: using Markov chains to model anthropogenic impacts, Conservation Biology, **17**, 6, pp. 1785-1793 (2003)

25) Buckstaff, K. C. : Effects of watercraft noise on the acoustic behavior of bottlenose dolphins, *Tursiops truncatus*, in Sarasota Bay, Florida, Marine mammal scienceMarine Mammal Science, **20**, 4, pp. 709-725 (2004)

26) Van Parijs, S. M., and P. J. Corkeron : Vocalizations and behaviour of Pacific humpback dolphins Sousa chinensis, Ethology, **107**, 8, pp. 701-716 (2001)

27) Jensen, F. H., et al. : Vessel noise effects on delphinid communication, Marine

Ecology Progress Series, **395**, pp. 161–175（2009）

28）Bejder, L., et al.：Decline in relative abundance of bottlenose dolphins exposed to long - term disturbance, Conservation Biology, **20**, 6, pp. 1791–1798（2006）

29）Williams, R., et al.：Behavioural responses of male killer whales to aleapfrog-ging'vessel, Journal of Cetacean Research and Management, **4**, 3, pp. 305–310（2002）

30）Gervaise, C., et al.：Shipping noise in whale habitat: Characteristics, sources, budget, and impact on belugas in Saguenay–St. Lawrence Marine Park hub, The Journal of the Acoustical Society of America, **132**, 1, pp. 76–89（2012）

31）Rolland, R. M., et al.：Evidence that ship noise increases stress in right whales, Proceedings of the Royal Society of London B: Biological Sciences, **279**, 1737, pp. 2363–2368（2012）

32）Parks, S. E., et al.：Individual right whales call louder in increased environmental noise, Biology Lletters, **7**, 1, pp. 33–35（2011）

33）Holt, M. M., et al.：Vocal performance affects metabolic rate in dolphins: implications for animals communicating in noisy environments, Journal of Experimental Biology, **218**, 11, pp. 1647–1654（2015）

34）Lucke, K., et al.：Temporary shift in masked hearing thresholds in a harbor porpoise（*Phocoena phocoena*）after exposure to seismic airgun stimuli, The Journal of the Acoustical Society of America, **125**, 6, pp. 4060–4070（2009）

35）Popov, V. V., et al.：Noise-induced temporary threshold shift and recovery in Yangtze finless porpoises *Neophocaena phocaenoides asiaeorientalis*, The Journal of the Acoustical Society of America, **130**, 1, pp. 574–584（2011）

36）Kastelein, R. A., et al.：Threshold received sound pressure levels of single 1–2 kHz and 6–7 kHz up-sweeps and down-sweeps causing startle responses in a harbor porpoise（*Phocoena phocoena*）, The Journal of the Acoustical Society of America, **131**, 3, pp. 2325–2333（2012）

37）Kastelein, R. A., et al.：Hearing frequency thresholds of a harbor porpoise（*Phocoena phocoena*）temporarily affected by a continuous 1.5 kHz tone, The Journal of the Acoustical Society of America, **134**, 3, pp. 2286–2292（2013）

38）Dyndo, M., et al.：Harbour porpoises react to low levels of high frequency vessel noise, Scientific Rreports, **5**, p. 11083（2015）

39）Nabe-Nielsen, J., et al.：Effects of noise and by-catch on a Danish harbour porpoise population, Ecological Modelling, **272**, pp. 242–251（2014）

40) McCauley, R. D., et al.：Marine seismic surveys—a study of environmental implications, The APPEA Journal, **40**, 1, pp. 692–708 (2000)

41) Gordon, J., et al.：A review of the effects of seismic surveys on marine mammals, Marine Technology Society Journal, **37**, 4, pp. 16–34 (2003)

42) Cox, T. M., et al.：Understanding the impacts of anthropogenic sound on beaked whales, Journal of Cetacean Research and Management, **7**, pp. 177–187 (2006)

43) Fernández, A., et al.："Gas and fat embolic syndrome" involving a mass stranding of beaked whales (family Ziphiidae) exposed to anthropogenic sonar signals, Veterinary Pathology, **42**, 4, pp. 446–457 (2005)

44) Jepson, P. D., et al.：Gas-bubble lesions in stranded cetaceans, Nature, **425**, 6958, pp. 575–576 (2003)

45) Crum, L. A., and Y. Mao：Acoustically enhanced bubble growth at low frequencies and its implications for human diver and marine mammal safety, The Journal of the Acoustical Society of America, **99**, 5, pp. 2898–2907 (1996)

46) Tyack, P. L., et al.：Extreme diving of beaked whales, Journal of Experimental Biology, **209**, 21, pp. 4238–4253 (2006)

47) Hooker, S. K., and R. W. Baird：Deep-diving behaviour of the northern bottlenose whale, *Hyperoodon ampullatus* (Cetacea: Ziphiidae), Proceedings of the Royal Society of London B: Biological Sciences, **266**, 1420, pp. 671–676 (1999)

48) Hooker, S. K., R. W. Baird, and A. Fahlman：Could beaked whales get the bends?: Effect of diving behaviour and physiology on modelled gas exchange for three species: *Ziphius cavirostris*, *Mesoplodon densirostris* and *Hyperoodon ampullatus*, Respiratory Pphysiology & Nneurobiology, **167**, 3, pp. 235–246 (2009)

49) Tyack, P. L., et al.：Beaked whales respond to simulated and actual navy sonar, PLOS ONE, **6**, 3, e17009 (2011)

50) Di Iorio, L., and C. W. Clark：Exposure to seismic survey alters blue whale acoustic communication, Biology Lletters, **6**, 1, pp. 51–54 (2010)

51) Mann, D., et al.：Hearing loss in stranded odontocete dolphins and whales, PLOS ONE, **5**, 11, e13824 (2010)

52) Dunlop, R. A., et al.：Determining the behavioural dose–response relationship of marine mammals to air gun noise and source proximity, Journal of Experimental Biology, **220**, 16, pp. 2878–2886 (2017)

53) Hermannsen, L., et al.：Characteristics and propagation of airgun pulses in shallow water with implications for effects on small marine mammals, PLOS ONE,

10, 7, e0133436 (2015)

54) McCauley, R. D., et al. : Widely used marine seismic survey air gun operations negatively impact zooplankton, Nature Eecology & Eevolution, **1**, 7, p. 195 (2017)

55) Madsen, P. T., et al. : Quantitative measures of air-gun pulses recorded on sperm whales (*Physeter macrocephalus*) using acoustic tags during controlled exposure experiments, The Journal of the Acoustical Society of America, **120**, 4, pp. 2366-2379 (2006)

56) Miller, P. J. O., et al. : Using at-sea experiments to study the effects of airguns on the foraging behavior of sperm whales in the Gulf of Mexico, Deep Sea Research Part I: Oceanographic Research Papers, **56**, 7, pp. 1168-1181 (2009)

57) Thompson, P. M., et al. : Short-term disturbance by a commercial two-dimensional seismic survey does not lead to long-term displacement of harbour porpoises, Proceedings of the Royal Society of London B : Biological Science, **280**, 1771, 20132001 (2013)

58) André, M., et al. : Low - frequency sounds induce acoustic trauma in cephalopods, Frontiers in Ecology and the Environment, **9**, 9, pp. 489-493 (2011)

59) Madsen, P. T., et al. : Wind turbine underwater noise and marine mammals: implications of current knowledge and data needs, Marine Ecology Progress Series, **309**, pp. 279-295 (2006)

60) Tougaard, J., A. J. Wright, and P. T. Madsen : Cetacean noise criteria revisited in the light of proposed exposure limits for harbour porpoises, Marine Ppollution Bbulletin, **90**, 1, pp. 196-208 (2015)

61) Wahlberg, M., and H. Westerberg : Hearing in fish and their reactions to sounds from offshore wind farms, Marine Ecology Progress Series, **288**, pp. 295-309 (2005)

62) Casper, B. M., et al. : Effects of exposure to pile driving sounds on fish inner ear tissues, Comparative Biochemistry and Physiology Part A: Molecular & Integrative Physiology, **166**, 2, pp. 352-360 (2013)

63) Nedwell, J., and D. Howell : A review of offshore windfarm related underwater noise sources, Cowrie Rep, **544**, pp. 1-57 (2004)

64) Betke, K., M. S. Glahn, and R. Matuschek : Underwater noise emissions from offshore wind turbines, Proc. CFA/DAGA (2004)

65) Blackwell, S. B., John W. Lawson, and M. T. Williams : Tolerance by ringed seals (*Phoca hispida*) to impact pipe-driving and construction sounds at an oil

production island, The Journal of the Acoustical Society of America, **115**, 5, pp. 2346–2357 (2004)

66) Rodkin, R. B., and J. A. Reyff : Underwater sound pressures from marine pile driving, The Journal of the Acoustical Society of America, **116**, 4, pp. 2648–2648 (2004)

67) Hammond, P. S., et al. : Cetacean abundance and distribution in European Atlantic shelf waters to inform conservation and management, Biological Conservation, **164**, pp. 107–122 (2013)

68) Henriksen, O. D., J. Teilmann, and J. Carstensen : Effects of the Nysted Offshore Wind Farm Construction on Harbour Porpoises–the 2002 Annual Status Report for the Acoustic T-POD Monitoring Programme, National Environmental Research Institute, Roskilde (2003)

69) Tougaard, J., et al. : Effects of the Nysted Offshore wind farm on harbour porpoises, Annual Status Report for the T-POD Monitoring Program (Roskilde: NERI) (2005)

70) Tougaard, J., et al. : Short-term effects of the construction of wind turbines on harbour porpoises at Horns Reef. No. NEI-DK--4690. Hedeselskabet (2003)

71) Popov, V. V., et al. : Evoked-potential audiogram of the Yangtze finless porpoise *Neophocaena phocaenoides asiaeorientalis* (L), The Journal of the Acoustical Society of America, **117**, 5, pp. 2728–2731 (2005)

72) Bailey, H., et al. : Assessing underwater noise levels during pile-driving at an offshore windfarm and its potential effects on marine mammals, Marine Pollution Bulletin, **60**, 6, pp. 888–897 (2010)

73) Edrén, S., et al. : The effect of a large Danish offshore wind farm on harbor and gray seal haul-out behavior, Marine Mammal Science, **26**, 3, pp. 614–634 (2010)

74) Teilmann, J., et al. : Summary on seal monitoring 1999–2005 around Nysted and Horns Rev offshore wind farms, National Environmental Research Institute (NERI) technical report to Energi E2 A/S and Vattenfall A/S, Ministry of the Environment, Denmark, p. 22 (2006)

75) Blackwell, S. B., J. W. Lawson, and M. T. Williams : Tolerance by ringed seals (*Phoca hispida*) to impact pipe-driving and construction sounds at an oil production island, The Journal of the Acoustical Society of America, **115**, 5, pp. 2346–2357 (2004)

76) Degn, U. : Offshore wind turbines—VVM, underwater noise measurements,

analysis, and predictions, Ødegaard & Danneskiold-Samsøe A/S, Rep No. 792, rev. 1, pp. 1-230 (2000)

77) Lindell, H.：Utgrunden off-shore wind farm-Measurements of underwater noise. No. NEI-SE-598, Ingemansson Technology AB (2003)

78) Keller, O., K. Lüdemann, and R. Kafemann：Literature review of offshore wind farms with regard to fish fauna, Ecological Research on Offshore Wind Farms: International Exchange of Experiences, p. 47 (2006)

79) Nowacek, D. P., M. P. Johnson, and P. L. Tyack.：North Atlantic right whales (*Eubalaena glacialis*) ignore ships but respond to alerting stimuli, Proceedings of the Royal Society of London B: Biological Sciences, **271**, 1536, pp. 227-231 (2004)

80) 浮体式洋上超大型風力発電機設置実証事業環境影響評価書, p.234
http://www.fukushima-forward.jp/project01/reference/pdf/2014-2.pdf
(2018.10.18確認)

81) Terhune, J. M.：Pitch separation as a possible jamming-avoidance mechanism in underwater calls of bearded seals (*Erignathus barbatus*), Canadian Journal of Zoology, **77**, 7, pp. 1025-1034 (1999)

82) Koschinski, S., et al.：Behavioural reactions of free-ranging porpoises and seals to the noise of a simulated 2 MW windpower generator, Marine Ecology Progress Series, **265**, pp. 263-273 (2003)

83) Arveson, P. T., and D. J. Vendittis：Radiated noise characteristics of a modern cargo ship, The Journal of the Acoustical Society of America, **107**, 1, pp. 118-129 (2000)

84) McKenna, M. F., et al.：Underwater radiated noise from modern commercial ships, The Journal of the Acoustical Society of America, **131**, 1, pp. 92-103 (2012)

85) Reeves, R. R., A. J. Read, and G. N. di Sciara, eds.：Report of the Workshop on Interactions between Dolphins and Fisheries in the Mediterranean, Evaluation of Mitigation Alternatives: Roma, 4-5 May 2001, ICRAM (2001)

86) Johnston, D. W., and T. H. Woodley：A survey of acoustic harassment device (AHD) use in the Bay of Fundy, NB, Canada, Aquatic Mammals, **24**, 1, pp. 51-61 (1998)

87) Quick, N. J., S. J. Middlemas, and J. D. Armstrong：A survey of antipredator controls at marine salmon farms in Scotland, Aquaculture, **230**, 1, pp. 169-180 (2004)

88) Read, A. J.：The looming crisis: interactions between marine mammals and

fisheries, Journal of Mammalogy, **89**, 3, pp. 541–548 (2008)

89) Lien, J., et al.：Field tests of acoustic devices on groundfish gillnets: assessment of effectiveness in reducing harbour porpoise by-catch, Sensory systems of aquatic mammals, pp. 1–22 (1995)

90) Kastelein, R. A., et al.：The effects of acoustic alarms on the behavior of harbor porpoises (*Phocoena phocoena*) in a floating pen, Marine Mammal Science, **16**, 1, pp. 46–64 (2000)

91) Teilmann, J., et al.：Reactions of captive harbor porpoises (*Phocoena pjocoena*) to pinger – like sounds, Marine Mammal Science, **22**, 2, pp. 240–260 (2006)

92) Cox, T. M., et al.：Will harbour porpoises (*Phocoena phocoena*) habituate to pingers?, Journal of Cetacean Research and Management, **3**, 1, pp. 81–86 (2001)

93) Dawson, S., et al.：To ping or not to ping: the use of active acoustic devices in mitigating interactions between small cetaceans and gillnet fisheries, Endangered Species Research, **19**, pp. 201–221 (2013)

94) Soto, A. B., et al.：Acoustic alarms elicit only subtle responses in the behaviour of tropical coastal dolphins in Queensland, Australia, Endangered Species Research, **20**, 3, pp. 271–282 (2013)

95) Cox, T. M., et al.：Behavioral responses of bottlenose dolphins, *Tursiops truncatus*, to gillnets and acoustic alarms, Biological Conservation, **115**, 2, pp. 203–212 (2004)

96) Leeney, R. H., et al.：Effects of pingers on the behaviour of bottlenose dolphins, Journal of the Marine Biological Association of the United Kingdom, **87**, 1, pp. 129–133 (2007)

97) Brotons, J. M., et al.：Do pingers reduce interactions between bottlenose dolphins and nets around the Balearic Islands?, Endangered Species Research, **5**, 2–3, pp. 301–308 (2008)

98) Yurk, H., and A. W. Trites：Experimental attempts to reduce predation by harbor seals on out-migrating juvenile salmonids, Transactions of the American Fisheries Society, **129**, 6, pp. 1360–1366 (2000)

99) Graham, I. M., et al.：Testing the effectiveness of an acoustic deterrent device for excluding seals from Atlantic salmon rivers in Scotland, ICES Journal of Marine Science, **66**, 5, pp. 860–864 (2009)

100) Stansbury, A. L., et al.：Grey seals use anthropogenic signals from acoustic tags to locate fish: evidence from a simulated foraging task, Proc. R. Soc. B., **282**, 1798,

The Royal Society (2015)

101)　Brandt, M. J., et al.：Seal scarers as a tool to deter harbour porpoises from offshore construction sites, Marine Ecology Progress Series, **475**, pp. 291-302 (2013)

102)　Brandt, M. J., et al.：Far-reaching effects of a seal scarer on harbour porpoises, Phocoena phocoena, Aquatic Conservation: Marine and Freshwater Ecosystems, **23**, 2, pp. 222-232 (2013)

103)　Kyhn, L. A., et al.：Pingers cause temporary habitat displacement in the harbour porpoise *Phocoena phocoena*, Marine Ecology Progress Series, **526**, pp. 253-265 (2015)

あ と が き

水中生物音響学の扱う範囲は幅広い。現在でもそれは拡張され続けている。本書では，水中生物の発する音声とその機能，および音声による観察方法と水中騒音の影響評価を中心に紹介した。一方で，水中生物の聴覚に関する研究成果の多くは割愛した。これらは，動物の心理物理学的な実験方法や電気生理的な手法を用い，音波が脳でどのように処理され認知されるのかを調べる領域である。この領域だけでもう1冊分の書籍ができるほどの研究蓄積があり，本書ではほんのさわりだけの紹介にとどめた。最終章の影響評価は国際的にも重要で注目されている分野である。反応行動を誘発する規準については種ごとのデータの蓄積はこれからで，向こう10年程度で大きく変わる分野であろう。

水中生物音響を専門とする研究者は，日本だけでなくアジア地域で見ても極端に少ない。欧米に比べれば研究者層の厚さは二桁違うといっても過言でない。ところが，水中生物の多様性は暖かいアジアや南米地域のほうが圧倒的に高い。海洋での開発も盛んで影響評価需要も大きい。本書が，この分野に関心をもつ方々の手助けとなり，基礎研究や社会への応用に取り組む仲間を増やすきっかけになれば幸いである。

本書にところどころ出てくる生き物のイラストは田杭佳純さんに描いていただいた。改めてお礼を申し上げる。

索　　　　引

——著者略歴——

赤松　友成（あかまつ　ともなり）

1987 年　東北大学理学部物理学科卒業
1989 年　東北大学大学院理学研究科修士課程修了（物理学専攻）
1989 年　水産工学研究所勤務
1996 年　博士（農学）（日本大学）
1997 年　国立極地研究所客員研究員
1999 年　ケンタッキー大学生物科学科客員研究員
2015 年　水産研究・教育機構中央水産研究所勤務
　　　　現在に至る

木村　里子（きむら　さとこ）

2007 年　京都大学農学部資源生物科学科卒業
2009 年　京都大学大学院情報学研究科修士課程修了（社会情報学専攻）
2011 年　京都大学大学院情報学研究科博士課程修了（社会情報学専攻）
　　　　博士（情報学）
2009 年
～15 年　日本学術振興会特別研究員
2015 年　京都大学特定研究員
2017 年　京都大学特定講師
　　　　現在に至る

市川　光太郎（いちかわ　こうたろう）

2003 年　京都大学農学部生物生産科学科卒業
2005 年　京都大学大学院情報学研究科修士課程修了（社会情報学専攻）
2007 年　京都大学大学院情報学研究科博士課程修了（社会情報学専攻）
　　　　博士（情報学）
2005 年
～10 年　日本学術振興会特別研究員
2010 年　総合地球環境学研究所プロジェクト研究員
2014 年　京都大学特定研究員
2015 年　京都大学准教授
　　　　現在に至る

水中生物音響学――声で探る行動と生態――
Underwater Bioacoustics
―― Behavioral and Ecological Studies Through Animal Vocalizations ――

2019 年 1 月 7 日 初版第 1 刷発行

検印省略

編　者	一般社団法人	日本音響学会
発 行 者	株式会社	コ ロ ナ 社
	代 表 者	牛 来 真 也
印 刷 所	萩 原 印 刷	株 式 会 社
製 本 所	有限会社	愛千製本所

112-0011 東京都文京区千石 4-46-10
発 行 所 株式会社 **コ ロ ナ 社**
CORONA PUBLISHING CO., LTD.
Tokyo Japan
振替 00140-8-14844・電話(03)3941-3131(代)
ホームページ http://www.coronasha.co.jp

ISBN 978-4-339-01340-5 C3355 Printed in Japan (新宅)